DIE WILDGANS-STRATEGIE

VOM GEBEN UND NEHMEN

SOFIE KLOS

Bibliografische Information der Deutschen Nationalbibliothek
Die Deutsche Nationalbibliothek verzeichnet diese Publikation in der Deutschen Nationalbibliografie; detaillierte bibliografische Daten sind im Internet über http://d-nb.de abrufbar.

Wir sind ein relativ junger Verlag und sehr dankbar für jede Art von Feedback. Sollten Sie daher **Anregungen oder Fragen** haben, würden wir uns sehr freuen, von Ihnen zu lesen. info@cherrymedia.de

Originale Erstauflage

Alle Rechte, insbesondere Verwertung und Vertrieb der Texte, Tabellen und Grafiken, vorbehalten.

Copyright © 2020 by Cherry Media GmbH

978-3-96583-483-5   Softcover
978-3-96583-484-2   Hardcover
978-3-96583-485-9   eBook

Redaktion: Reinhardt Bleikolm, Ing. Matthias Pajek
Korrekturat: Kottmann GmbH
Satz: Anna-Katharina Bleikolm
Druck/Auslieferung: WirmachenDruck.de/Runge Verlagsauslieferung

Impressum:
Cherry Media GmbH
Bräugasse 9
94469 Deggendorf
Deutschland

Weitere Informationen zu der Kottmann GmbH finden Sie unter:
www.kottmann.com

Weitere Informationen zum Verlag finden Sie unter:
www.cherrymedia.de
Wir wünschen viel Vergnügen beim Lesen!

KOSTENFREIES E-BOOK
&
HÖRBUCH INKLUSIVE

Beim Kauf jedes Taschenbuches von Cherry Media sind das e-Book, spannende Bonusinhalte sowie das Hörbuch kostenfrei für Sie inkludiert. Gehen Sie dazu einfach auf:

https://link.cherrymedia.de/EPUB

oder scannen Sie den abgebildeten QR Code. Auf der Website können Sie dann Ihren einmalig gültigen Zugangscode eingeben.

Den Zugangscode zu Ihrem kostenfreien eBook, Hörbuch und zu den Bonusinhalten finden Sie auf der Seite **135**.

Wir wünschen viel Freude mit Ihren kostenfreien Inhalten!

Haben Sie Fragen zu Ihrem e-Book? Wir sind gerne für Sie da! Sie erreichen Sie uns unter **info@cherrymedia.de**

DIE WILDGANS-STRATEGIE

VOM GEBEN UND NEHMEN

INHALTSVERZEICHNIS

Vorwort ... 1

1. Akt – Die Vorbereitungen ... 5
   Es war einmal im Federnland ... 5
   Das Leben ist kein Nullsummenspiel ... 10
   Anderen einen Vertrauensvorschuss zu gewähren, kann sich sehr lohnen ... 23
   Anderen mit Vertrauen und Wohlwollen zu begegnen, ermöglicht ein großes Netzwerk ... 35
   Hör auf, denen etwas zu geben, die sonst nur nehmen ... 46

2. Akt – Das Wettfliegen beginnt ... 55

3. Akt – Ein Sturm zieht auf ... 63
   Durch Misstrauen kannst du dein Potenzial und das deiner Umgebung nicht entfalten ... 63
   Nimm dich und deine Bedürfnisse ernst – nur so sind du und dein Umfeld erfolgreich ... 69
   Konkurrenzdenken schadet primär dir selbst ... 74
   Sei nicht nachtragend, keiner ist perfekt ... 80

4. Akt – Das Ziel naht ... 85

5. Akt – Der Wandel ... 94

Nachspann ... 106

Danksagung ... 127

Adam Grants Kooperationsstrategien ... 128

Die Autorin ... 131

Kottmann GmbH – Home of Cooperation ... 132

Der Illustrator ... 134

VORWORT

Die Kindheit prägt uns. Bestimmte eingefahrene Denk- und Verhaltensmuster, die zu wenig hinterfragt werden, begleiten uns ein Leben lang. Von klein auf wird uns vermittelt, dass es gilt, sich anzustrengen, um im Leben etwas zu erreichen. Die Konditionierung eines Wettbewerbsdrucks beginnt bereits im Vorschulalter. Schon sehr früh sammelt man die Erfahrung, dass einem die größte Aufmerksamkeit und Liebe sicher sein wird, wenn man der Erwartung seiner Umwelt gerecht wird.

In einem gesunden Maße spricht nichts dagegen, solange wir uns vom Werteurteil Dritter nicht abhängig machen. Die Basis für ein gesundes Selbstwertgefühl besteht darin, seine Potenziale zu erkennen und zu nutzen, seine Persönlichkeit zu entwickeln und an seinen Erfolgen zu wachsen.

Doch was ist Erfolg? Unabhängig vom eigenen Anspruch, diesem gerecht zu werden, befriedigen wir uns hauptsächlich durch extrinsische Glücksgefühle. Das Problem ist, dass der heutige Glücksmaßstab dem morgigen nicht mehr gerecht wird. Und hier beginnt der innere Konflikt: Wir verengen den Fokus zunehmend auf einen äußerlichen Status, der aufzeigen soll, wie erfolgreich man in seinem Umfeld ist – der Einstieg in eine Wettbewerbssituation. Der Kampf über die Auswahl und Ausstattung des eigenen Firmenwagens ist nur eines von zahlreichen Beispielen.

Das Bedürfnis nach Selbstvermarktung und Profilierung kostet Kraft und entfremdet uns möglicherweise von anderen und von uns selbst.

Extrinsische Ziele, von denen hier die Rede ist, sind die „schlimmsten Glückskiller", so der Glücksforscher Raghunathan. „Suchen Sie den Schlüssel zum Glück nicht außerhalb von sich selbst".

VORWORT

Zahlreiche psychologische Studien, wie die von Hott (2014), bestätigen, dass extrinsische Belohnungen andere Glücksgefühle unterminieren. Die Freude am Gestalten, die Leichtigkeit, der Spaß und die Leidenschaft an den nicht materiellen Aspekten einer Arbeit gehen verloren. Der Boden für intrinsische Motivation wird nicht gedüngt. Es fehlt das Vertrauen in den Menschen, der vergeblich nach Orientierung und Sinnhaftigkeit sucht.

Hingegen brennt man bei der intrinsischen Motivation für das, was man tut und für das, an das man glaubt.

Eine Kultur, die die Befriedigung extrinsischer Motive in den Vordergrund stellt, schafft die idealen Rahmenbedingungen für eine Wettbewerbskultur. Verspricht diese wirklich den größten Erfolg für den Einzelnen und das Unternehmen? Siegt am Ende wirklich der vermeidbar Stärkere?

Der amerikanische Organisationspsychologe Adam Grant beantwortet diese Frage nach mehreren Studien mit einem klaren „NEIN". Er belegt dies mit überraschenden und eindeutigen Forschungsergebnissen. Schauen wir nur auf die eindrucksvollen Innovationen und Entwicklungen unserer Zivilisation bis hin zur Neuzeit. Diese konnten nicht im Umfeld eines Wettbewerbs gedeihen, sondern nur in einer angstbefreiten Kooperations- und Vertrauenskultur.

Grant untersuchte den beruflichen Erfolg von Menschen in zahlreichen Studien in Abhängigkeit vom Grad ihrer Hilfs- und Kooperationsbereitschaft und lieferte damit den Beleg.

Dass neben Talent, Motivation und Glück auch der persönliche Umgang mit seinem Umfeld die Karriere beflügeln kann, ist sicher keine neue bahnbrechende Erkenntnis.

Grant sagt, im geschäftlichen Rahmen stehen wir immer vor der Entscheidung, wie wir uns anderen gegenüber verhalten sollen. Nehmen oder Geben. Er räumt auf mit der Version, dass einen die Ellbogenmentalität voranbringt. Sein Bestseller „Give and Take" korrigiert die gängige Auffassung, dass Geber schwach und Nehmer stark sind. Was Grant herausgefunden hat, wird die Vorstellung Vieler von Erfolg und Karriere auf den Kopf stellen.

Was haben diese Gedanken mit dieser Ihnen vorliegenden Parabel zu tun? Ich denke, wir können nicht nur aus der Natur, sondern auch aus der Tierwelt lernen und beobachten genau dieses Verhalten, das man Reziprozität nennt.

In den fünfziger Jahren des 20. Jahrhunderts stellten sich Biologen die spannende Frage, warum Tiere, die nicht miteinander verwandt waren, miteinander kooperieren. Warum fliegen Wildgänse in Schwärmen und wechseln sich in rücksichtsnehmender Weise in ihren Flugpositionen ab? Warum teilt der Schimpanse das Fleisch mit einem anderen, anstatt selbst Fettreserven anzulegen? Und warum pflegt ein Pavian das Fell eines Artgenossen und befreit ihn so von unangenehmen Insekten, die sein Fell bevölkern?

Warum verhalten sich nicht verwandte Tiere so kooperativ und nehmen sogar ein gewisses Risiko auf sich? Alle gemeinsam verbindet ein verwandter Genpool, den es zu verteidigen gilt. Selbst wenn das einzelne Individuum dafür einen hohen Preis zahlt, auf Nahrung verzichtet und Einbußen in Kauf nehmen muss. Die Erklärung hierfür liefert die Mathematik, genauer gesagt die Spieltheorie.

Der amerikanische Politologe Robert Axelrod ließ verschiedene Kooperationsstrategien auf dem Computer gegeneinander antreten. Ihn trieb die Frage um, welche Verhaltensstrategie, die durch jedes einzelne Programm abgebildet wurde, wohl die erfolgreichste sei. Jedes Computerprogramm verfolgte eine andere Strategie, mit seinem Gegenüber umzugehen. Statt zu kooperieren, wäre Defektieren eine Option, eine andere, einfach „einzuknicken".

Auf lange Sicht setzte sich eine Strategie als die erfolgreichste durch, die man „Tit for Tat" nennt, man könnte auch sagen, „Wie Du mir, so ich Dir", aber ich gebe meinem Gegenüber zu Anfang einen Vertrauensvorschuss. Sie besticht durch ihre Einfachheit und besagt: Sei im ersten Schritt kooperativ und kopiere anschließend das Verhalten deines Gegenübers. Konkret, wenn mein Gegenüber sich kooperativ verhält, so begegne ich ihm auch im nächsten Schritt kooperativ. Wenn er hingegen defektiert, also Kooperation verweigert, mich möglicherweise ausnutzt, werde ich mein Kooperationsverhalten einstellen. Diese Strategie verfolgt die Eigenschaft, nicht nachtragend zu sein, soll heißen, wenn man später wieder kooperiert, werde ich mich im darauffolgenden Schritt auch wieder kooperativ verhalten.

Der Schimpanse teilt seine Beute mit einem anderen, weil er sich darauf verlassen kann, dass dieser sich beim nächsten Mal revanchieren wird und seine Beute mit ihm teilen würde, wenn er selbst leer ausginge. Der Geber kann sich in Krisenzeiten auf ein komfortables Netzwerk verlassen, das ihm zur Seite steht und ihn unterstützt.

Die kleine Parabel erzählt eine Geschichte, die diese Philosophie aufgreift und aufzeigt, warum eine Kooperationskultur einer Wettbewerbskultur überlegen ist. Nicht zuletzt soll jeder Leser ermutigt werden, über seine eigene Verhaltensstrategie nachzudenken. Glückwunsch an diejenigen, die sich bereits auf den Weg gemacht haben und sich hier bestätigt fühlen.

Liebe Sofie, ich bin begeistert, was du für eine wundervolle Parabel aus unserem wissenschaftlichen Ansatz zur Messung und Entwicklung einer Kooperationskultur geschrieben hast.

Thomas Kottmann

1. AKT – DIE VORBEREITUNGEN

Es war einmal im Federnland ...

Zu einer Zeit, in der die Vögel in Aufruhr waren. Der Winter neigte sich allmählich dem Ende zu – und mit ihm verschwanden die langen Nächte, die weißen Landschaften und die kalten Windstöße.

Stattdessen kämpfte sich allmählich der lang ersehnte Frühling durch. Überall begannen die Bäume und Knospen wieder zu blühen und tauchten immer mehr ins warme Licht der wiederkehrenden Sonne. Aber nicht nur die Natur erwachte so langsam wieder. Mit dem früheren Sonnenaufgang und den grünen Wiesen wurde auch eine neue Energie bei den Bewohnern des Federnlandes freigesetzt – den Vögeln.

Viele kamen aus den wärmeren Ländern des Südens zurückgeflogen, während andere den Schutz ihrer heimischen Winterplätze verließen. Es wurde laut geschnattert, weit geflogen und es wurden eifrig neue Nester gebaut. Die winterliche Ruhe war binnen weniger Zeit abgestreift und zur weihnachtlichen Kleidergarderobe für das nächste Jahr gelegt.

Während die Buntspechte begannen, sich den Baumstämmen und der Rinde zu widmen, genossen die Schwäne das gemütliche Treiben auf dem endlich wieder fließenden Gewässer.

Auch die Krähen und Gänse, die Amseln, die Tauben, die Fischreiher und die Blaumeisen streckten sich nach und nach genüsslich aus. Nach dem letzten herzhaften Gähnen lehnten sie sich nach vorne und starteten dann mit einem Satz in den Himmel. Ob Star,

1. AKT – DIE VORBEREITUNGEN

Rotkehlchen oder Grünfink – alle freuen sich auf den kommenden Frühling und absolvierten zwitschernd und singend ihren Alltag. Es wurde gebalzt und getanzt und es wurde sich mit neuen Beeren und Würmern den Tag versüßt. Die Laune der Vögel aus dem Federnland hätte fast nicht besser sein können – fast.

Denn es stand überall in den Zeitungen: *Das alljährliche Wettfliegen - Wer gewinnt diesmal?* und *Neue Flugstrecke noch unbekannt* sowie *Wird Erna von Elster auch dieses Jahr wieder gewinnen?*

Es war Frühling im Federnland und somit Zeit für das größte Ereignis des Jahres – den Wettflug. Für die Bewohner gab es nichts Festlicheres. Jeder fieberte diesem Ereignis entgegen.

Am 1. Mai eines jeden Jahres richteten sich die Blicke der Welt auf das Federnland, wo stets um zwölf Uhr mittags feierlich ein lauter Startschuss fiel und die Vögel zum Himmel flogen.

Jedes Mal fielen die Wettflüge dabei völlig unterschiedlich aus. Mal bahnte sich die vorgegebene Flugstrecke durch höhere Gebirge und sperrige Täler, mal passierten die Vögel viele Felder und Wälder.

Die größte Herausforderung bestand darin, sich schnellstmöglich mit der vorgegebenen Flugstrecke zu arrangieren. Das war darin begründet, dass die Vögel erst kurz vor dem Startschuss die Information über die bevorstehende Route erhielten. Es war demnach jedes Mal erneut sehr spannend, welche Gebiete sie passieren mussten und welche Vogelart dadurch möglicherweise im Vorteil war.

So flogen sie eines Frühlings durch einen sehr hohen Wald. Die kleinen, windigen Gestalten hatten die Chance, ihre Geschicklichkeit und ihre schnelle Reaktionsfähigkeit auf den Prüfstand zu stellen. Dagegen waren Vögel wie die Adler oder auch die Störche wegen ihrer langen Spannbreite eindeutig im Nachteil.

Da die Wahl der Flugstrecke jedes Jahr aufs Neue so aufregend war, schlossen die Vögel des Federnlandes vorher oft Wetten

1. AKT – DIE VORBEREITUNGEN

ab und diskutierten lange Nächte darüber, welcher Ort für den nächsten Wettflug am wahrscheinlichsten war.

Je nachdem, wie lang und herausfordernd die jeweilige Flugstrecke war, variierte auch die Dauer des gesamten Wettfliegens. Oft kam die Mehrzahl der Vögel zum Anfang der Dämmerung ans Ziel. Wenige erspähten erst kurz vor Mitternacht das Ende der Flugstrecke. Das war, in Anbetracht der Tatsache, dass der Startschuss bereits um zwölf Uhr eines jeden Flugtages fiel, eine wirklich späte Ankunftszeit. So wurden bei den Wettflügen nicht nur die Geschicklichkeit und Reaktionsfähigkeit, sondern besonders auch die Ausdauer, die Geschwindigkeit und die Kraft der Flügelstöße gefordert.

Mitfliegen konnte jeder, der Lust und Spaß am Fliegen hatte und sich über den Gewinn des ersten Platzes freuen würde. In der Regel waren es besonders die erwachsenen Jungvögel, die ihrer Energie freien Lauf lassen und sich in dem Federnland einen Namen im schnellen und geschickten Fliegen machen wollten. Denn über die Teilnehmenden wurde vor dem Wettflug in aller Ausführlichkeit berichtet.

Überall waren sie zu sehen und überall konnten kleine Wetten abgeschlossen werden, wer wohl gewinnen könnte. So kam es nicht selten vor, dass ein junges, stattliches Amselkerlchen dafür sorgte, dass die Vogeldamen hin und weg von ihm waren.

Die Tradition des großen alljährlichen Wettfluges war bereits mehrere Hundert Jahre alt. Damals, zu Zeiten, in denen die Wälder von Menschenhänden noch unberührt und in denen die Winter nicht so kalt und die Sommer nicht so heiß waren, herrschte in der Vogelwelt ein raues Treiben. Das Federnland stand in einem schweren Konflikt zu einem anderen, weit entfernten Vogelland. Es wurde gestritten und diskutiert, wer Anspruch auf welches Land hatte. Gebiete wurden von Vögeln des Federnlandes bewacht und vor nächtlichen Stürmungsversuchen der anderen Seite verteidigt.

1. AKT – DIE VORBEREITUNGEN

So war es besonders wichtig, die Bewohnerschaft in jeder Hinsicht zu trainieren. Letztendlich organisierten die Vögel täglich wichtige Flugtrainings und Sportprogramme, um ihre Konkurrenz durch ihre gut ausgebaute körperliche Fitness und Stärke besiegen zu können.

Aus höchstem Respekt und Achtung vor diesen schweren Zeiten, veranstalteten die Vögel des Federnlandes von da an jährlich das weltbekannte Wettfliegen. Sie erinnerten sich dann daran, wie viel ihre Vorfahren für ihre Heimat getan hatten und waren dafür sehr dankbar.

Im Laufe der Jahrzehnte wich der noch zuvor recht ernste Gedanke mehr und mehr fröhlichen und feierlichen Zügen. In der jetzigen Zeit verband man den Wettflug stets mit Spaß und Freude. Natürlich wurde jedes Jahr aufs Neue die Geschichte des Federnlandes erzählt und geehrt. Mit der Zeit entwickelte sich die Veranstaltung zu einem richtigen Stadtfest.

So wurden die Teilnehmenden bereits Wochen vorher in den Medien gezeigt. Es wurden Interviews gedreht, Trainings gefilmt und Vögel des Landes nach ihren Wettgedanken befragt. Am großen Tag des Wettflugs blitzte der Himmel stets von den Lichtern der Fotoapparate auf. Blitzlichtgewitter und helles Schnattern durchzogen den ganzen Tag. Und Musik färbte das Hintergrundrauschen in ein stimmiges und freudiges Spektakel, begleitet von einem riesigen Buffet, welches an Exotik und Optik nicht sparte.

Ganze Familien kamen in die Stadtmitte, von der aus jedes Jahr der Startschuss fiel. Die jüngsten Vögel führten an den besagten Vormittagen Aufführungen auf und feuerten dann bereits jene Vögel an, die an dem Wettflug teilnehmen würden. Es wurde gelacht, gezwitschert, gefeiert und gegessen, dass es beinah wehtat.

Zudem war die Stadt des Federnlandes immer geschmückt mit schönen Blumen und Nüssen, Beeren und Blättern. Dafür sorgte oft die etwas reifere Vogelgemeinschaft, die schon zu

1. AKT – DIE VORBEREITUNGEN

alt und langsam war, um noch an dem Wettfliegen teilnehmen zu können. Sie bewies dagegen ihre Fähigkeiten im kreativen Dekorieren und Organisieren des Stadtschmucks.

Dagegen waren die teilnehmenden Vögel in den letzten Stunden vor dem Startschuss von äußerster Konzentration und Aufregung geprägt. Sie konnten nun beweisen, wie sehr das Training der letzten Wochen geholfen hatte und wie groß ihr Ansporn war, zu gewinnen.

1. AKT – DIE VORBEREITUNGEN

Das Leben ist kein Nullsummenspiel

Erna von Elster war dieses Jahr die eindeutige Favoritin des Wettflugs. Unzählig viele Vögel stimmten in ihren Wetten für sie, und das nicht ganz zu Unrecht.

Sie hatte immerhin im letzten Jahr alle Rekorde gebrochen, die man brechen konnte. So flog sie nicht nur als Erste ins Ziel, sondern hielt auch einen deutlichen Abstand zum Zweitplatzierten. Im Wald hatte sich Erna sogar so viel Zeit genommen, dass sie spektakuläre Flugmanöver zeigen und damit so manchen Zuschauer beeindrucken konnte.

Hinzu kam noch ihr felsenfestes Selbstbewusstsein. Egal, wo man sie traf, Erna von Elster ging stets mit aufgeplusterter Brust und hochgehobenem Kinn an einem vorbei. Oft lächelte sie dann gönnerisch. Dieses Verhalten löste bei den Vögeln des Federnlandes das Gefühl aus, dass Erna genau wisse, wie überlegen sie sei.

Auch ihre Präsenz vor den Kameras und Fotoapparaten der wichtigsten Nachrichtensender und Zeitungen war letztes Jahr außergewöhnlich stark. Bereits vor ihrem Sieg, als die Teilnehmenden des vergangenen Wettflugs mitten in ihren Vorbereitungen waren, war die Elster insgeheim der Star der Medien. Sie lachte in die Kamera und gab gerne Interviews. Eine richtige Entertainerin. Der eine oder andere Vogel, der auch an dem Wettflug teilgenommen hatte, war so durch Erna eingeschüchtert und verunsichert worden.

Überall wurde ihr späterer, so beeindruckend guter Erfolg bejubelt und gefeiert. Sie galt als Inbegriff des Erfolgs und des Wettbewerbs. Denn mit nichts anderem als ihrem Konkurrenzgedanken, so sagte die Elster in einem Interview, sei sie so weit gekommen. Im Fernsehen und im Radio verschiedenster Sender wurde ihr zielstrebiges und einzelkämpferisches Verhalten in allen Einzelheiten analysiert und gutgeheißen.

1. AKT – DIE VORBEREITUNGEN

Erna von Elster bewies mit ihrer Orientierung am Wettbewerb anscheinend einen guten Riecher und etablierte Konkurrenzdenken und Leistungsmessen fest in die Welt des Wettflugs. Dass die Flugzeiten aller teilnehmenden Vögel insgesamt verhältnismäßig schlecht im Vergleich zu den Vorjahren ausfielen, interessierte niemanden im Federnland.

So war auch dieses Jahr der Blick der Vogelwelt stark auf die Elster gerichtet. Jedes Mal, wenn man Erna begegnete, war sie nicht allein unterwegs. Ihr Schatten nannte sich Emil von Erpel. Dieser war auch im letzten Jahr für sie da gewesen und tauchte öfters Mal im Hintergrund eines Interviews mit Erna von Elster auf. Meistens räumte der Erpel dann gerade etwas weg oder rannte hektisch von A nach B.

Diesen Frühling geschah nichts anderes. Die beiden Vögel trafen sich sehr oft und verbrachten zusammen den Tag mit ihren Vorbereitungen. Eines Tages seufzte die Elster besorgt. Da Emil ein aufmerksames Wesen war, welches auch noch direkt Anteilnahme an den Gefühlen und Sorgen anderer nahm, fiel ihm schnell auf, dass Erna etwas bedrückte.

„Was liegt dir denn heute Morgen so früh am Herzen?", fragte er vorsichtig.

„Hmm", erwiderte Erna von Elster und zuckte mit den Schultern, „mein Rücken tut mir in letzter Zeit so weh. Ich weiß gar nicht, wie ich mich mit solchen Schmerzen vernünftig auf den Wettflug vorbereiten soll."

Dann wandte sie den Blick vom Fußboden ab und schaute Emil hoffnungsvoll an. „Hattest du nicht mal einen Massagekurs besucht? Ich kann mich noch ganz genau daran erinnern, wie die anderen Vögel von deinen Knetfähigkeiten geschwärmt haben."

Emil von Erpel fühlte sich geschmeichelt und lächelte verlegen in sich hinein. „Ja, das stimmt, daran kann ich mich auch noch ziemlich gut erinnern", schmunzelte er.

1. AKT – DIE VORBEREITUNGEN

Nach einer etwas längeren Pause fiel dem Erpel der wartende Blick von Erna auf und er sagte schnell: „Wenn du möchtest, kann ich dich doch abends nach dem Flugtraining immer ein bisschen massieren. Bis zum Wettflug wirst du dann nichts mehr von den Schmerzen spüren, die dich jetzt noch so plagen." Emil war stolz auf seine Hilfsbereitschaft und vor allem darauf, mit einer Persönlichkeit wie der Elster befreundet zu sein.

Erna strahlte den Erpel an und freute sich über das großzügige Angebot. „Du bist ein toller Freund", sagte sie. „Wollen wir dann festhalten, dass du mich gegen 18 Uhr immer für eine halbe Stunde massierst?" Ehe Emil etwas erwidern konnte, zwinkerte Erna von Elster kurz und drehte dem Erpel auch schon erwartungsvoll den Rücken zu. Als Emil anfing, seiner Freundin den Nacken zu massieren, spürte er nach einer geraumen Zeit, wie sehr sein eigener Rücken ihn schmerzte. Er ärgerte sich über sich, denn er vergaß bei all seiner Gutmütigkeit die eigenen Bedürfnisse. Jetzt aber traute er sich nicht mehr, die Elster ebenfalls nach einer Massage zu fragen. Dafür ist es jetzt zu spät, dachte sich der Erpel und legte die ziehenden Rückenschmerzen gedanklich beiseite. Er würde das schon aushalten. Wichtig war nun, Erna ihre Schmerzen zu nehmen.

Aber es gab noch etwas anderes als ihr taktisches Vorgehen, was die Elster auszeichnete. Und zwar ihre Eitelkeit. Jedes Mal, wenn sie an einem Spiegel vorbeilief, scheute sie keine Zeit und keine Überlegungen, um ihr Aussehen zu überprüfen und kleine Veränderungen vorzunehmen. Erna von Elster war stets darauf bedacht, gut und gepflegt auszusehen, und strich sich daher in regelmäßigen Abständen ihr schwarz-weißes Federnkleid glatt. Ihr Fokus lag ganz bei ihr.

Als sie eines Abends nach dem Flugtraining in den Spiegel schaute, wich sie erschrocken einige Schritte zurück.

„Siehst du das, Emil?", fragte sie mit hoher Stimme und zeigte empört auf ihren Schnabel.

Emil trat näher heran, runzelte die Stirn und schüttelte ahnungslos den Kopf.

1. AKT – DIE VORBEREITUNGEN

1. AKT – DIE VORBEREITUNGEN

Erna, die durch das heutige Training schon müde und erschöpft war, verdrehte kurz die Augen und erklärte dem Erpel, wie stumpf der Schnabel geworden sei.

„So kann ich mich doch nicht vor den Kameras und den Zuschauern blicken lassen. Selbst die Blaumeisen haben glänzendere Schnäbel als ich."

Nach einer theatralischen Pause fuhr sie fort. „Es heißt doch ‚Schnäbel machen Vögel'! Und das ist wahr. Man kann die anderen genau dann beeindrucken, wenn sie jemanden vor sich haben, zu dem sie aufschauen können. Keiner möchte später einen Gewinner in der Zeitung sehen, der einen matten Schnabel hat."

Emil nickte verständnisvoll und dachte laut weiter: „Creme und ein Poliertuch habe ich sogar noch vom letzten Jahr bei mir zu Hause."

Ehe er sich versah, umarmte Erna von Elster ihn fest und zwitscherte ihm, wie dankbar sie sei, dass Emil ihr so helfe. Ohne nachzudenken watschelte der Erpel daraufhin los und holte die Polierutensilien. Fast eine ganze Stunde war er weg, da heute im Federnland besonders viel los war. Als Emil schließlich wiederkam, war er etwas erschöpft. „Hier", sagte er und hob Creme und Tuch hoch.

„Na, das hat aber sehr lange gedauert", schoss Erna von Elster ihm entgegen und winkte ihn zu sich. „Wenn wir heute noch damit fertig werden wollen, müssen wir gleich anfangen. Bis ein Schnabel so richtig glänzt, dauert das nämlich eine Weile."

Emil von Erpel blieb für einen kurzen Augenblick der Schnabel offen stehen. Er war für Erna so lange weg gewesen und nun raunzte sie ihn auch noch an. Das Gefühl, ungerecht behandelt zu werden, schoss ihm schnell und stark durch den Körper und er überlegte tatsächlich, der Elster seine Meinung zu sagen. Wie konnte sie nur so mit ihm umgehen?

1. AKT – DIE VORBEREITUNGEN

Doch Emil verwarf den Gedanken wieder und versuchte, sich seiner Freundin zuliebe zurückzuhalten. So stimmte der Erpel ihr schließlich nickend zu und begann direkt, sich an den in Wirklichkeit gar nicht so schlecht aussehenden Schnabel der Elster zu setzen. Er verstand die Beweggründe der Elster und arbeitete an diesem Abend bis spät in die Nacht hinein, um seiner Freundin einen Gefallen zu tun.

Was die Vorbereitungen anbelangte, hatte sie einen ganz konkreten und ausgetüftelten Plan. So wäre Erna nicht Erna, wenn sie sich keinen Rucksack an wichtigen Materialien zusammengestellt hätte. Gleich zu Beginn des Frühlingsanbruchs stellte sie eine Liste mit Dingen zusammen, die sie für eine gute Vorbereitung benötigen würde.

Darunter fielen zum Beispiel Flügelstützen und Windhauben. Aber auch die weniger offensichtlichen Hilfsmittel vergaß sie nicht. So achtete sie darauf, immer warme Socken zu tragen, damit sie sich nicht erkältete. Letztes Jahr fielen nämlich so einige der angemeldeten Vögel wegen einer Grippewelle aus. Natürlich hatte sie das nicht vergessen und vorausschauend gehandelt.

Mit der Zeit hatte sich so eine beträchtliche Summe an wichtigen Dingen angesammelt, die Erna bestimmt nochmal benötigen würde, und der Rucksack wurde schwerer und schwerer.

Doch da die Elster sich noch immer so über die Rücken- und Nackenschmerzen beklagte, war es für die beiden Freunde eine unausgesprochene Vereinbarung, dass Emil den Rucksack trug. Schließlich hatte er auch Vorteile davon, dachte sich Erna von Elster. Solange sie aus dem Rucksack nichts benötigte, konnte sich Emil ebenfalls an dem Inhalt bedienen.

Genau mit dieser Begründung rechtfertigte sie sich, wenn es Emil wieder einmal wagte, Erna zu fragen, ob sie den Rucksack zur Abwechslung mal tragen könne. Emil konnte ja nicht wissen, dass ihre Rückenschmerzen längst verschwunden waren. Und so schaffte die Elster es, dem Erpel kein einziges Mal zu helfen, und hatte dabei kein schlechtes Gewissen.

1. AKT – DIE VORBEREITUNGEN

Neben den Sachen aus dem Rucksack, die ihr ein schnelles und angenehmes Flugtraining ermöglichten, war auch die Verpflegung ein großes Thema.

Erna aß nur die proteinreichsten und kräftigsten Würmer vor wichtigen Ereignissen. Diese waren eine absolute Stärkung für jeden Vogel, der sie verzehrte, und deswegen waren die besonderen Würmer auch so begehrt.

Doch wenn man großen Wert auf seine Ernährung legte, musste man schon etwas weiter fliegen. Die Würmer befanden sich nämlich nur in einem bestimmten Gebiet, zu welchem hinzureisen fast einen ganzen Tagesflug in Anspruch nahm. Natürlich reichten die Würmer, die man dann mitnehmen konnte, auch für eine ganze Woche aus. Doch die beliebten Snacks waren schnell vergriffen.

Eine große Ausbeute konnte man nur noch an jenen Tagen machen, an denen es geregnet hatte. Den Würmern blieb dann nämlich nichts anderes mehr übrig, als an die Erdoberfläche zu kommen.

Eines frühen Morgens war es wieder soweit. Erna und Emil hatten gerade mit ihrem Dehnprogramm begonnen, als die ersten Regentropfen vom Himmel fielen.

„Hörst du das?", fragte die Elster aufgeregt. „Weißt du, was das bedeutet?" Ihre Augen funkelten.

Emil blickte sie fragend an und schüttelte ratlos den Kopf. „Dass wir heute nur drinnen trainieren, damit wir uns beide nicht erkälten?"

„Nein, Emil", erwiderte Erna. „Die leckeren Würmer kommen heute wieder so zahlreich an die Erdoberfläche! Das ist unsere Chance, viele davon zu besorgen. Bist du dabei?"

„Ja, sicher", antwortete der Erpel ohne nachzudenken. „Da haben wir heute wohl eine lange Reise vor uns. Ich freu mich auch, ein paar von diesen hochwertigen Würmchen zu verdrücken."

1. AKT – DIE VORBEREITUNGEN

Doch die Elster schüttelte ernst den Kopf. „Ich kann heute aber nicht mitkommen", sagte sie ausweichend. „Mir kratzt es schon im Hals und ich bin mir ganz sicher, dass ich mir bei diesem schlechten Wetter garantiert die Grippe holen würde."

Nach einer etwas längeren Pause fuhr sie fort. „Du bist doch so super fit, Emil. Könntest du heute nicht auch alleine fliegen? Es reicht ja, wenn einer die Würmer holt. Da müssen wir unsere Gesundheit ja nicht beide im Regen riskieren. Und da ich sowieso schon sehr angeschlagen bin, wäre es am sinnvollsten, wenn du die Reise auf dich nehmen könntest."

Emil dachte darüber nach und fühlte sich im ersten Moment sehr ausgenutzt. Jetzt musste er bei dem regnerischen Wetter den langen Weg allein auf sich nehmen. Was war denn mit seiner Gesundheit? War die nicht auch wichtig? Er fand sich in einer verzwickten Situation wieder. Erna wollte er nicht enttäuschen. Der Erpel merkte jedoch, wie wütend ihn der Gedanke machte, dass Erna keine Scheu davor hatte, seine Gesundheit sehr wohl zu riskieren. Doch dann versetzte er sich in die Lage seiner Freundin und stellte fest, dass es tatsächlich besser war, wenn sie sich schonen würde. Schließlich hatte sie bis jetzt so hart trainiert. Wenn sie jetzt ausfallen würde, wäre das eine Katastrophe.

Der Erpel gab sich einen Ruck und sagte: „Also gut, ich besorge uns die Würmer."

Erna war ganz begeistert. „Du bist ein toller Freund, vielen Dank. Und den Tagesflug kannst du doch als Flugtraining werten. Das bringt dich auch weiter!" Dann griff sie nach einem leeren Beutel und hielt ihn Emil hin. „Die Würmer packst du am besten hierein. Und an deiner Stelle würde ich jetzt gleich losfliegen. Besser werden soll das Wetter auf jeden Fall heute nicht mehr."

Ehe Emil von Erpel sich versah, stand er draußen im strömenden Regen und fragte sich, wieso er nur zugestimmt hatte. Seine Laune wurde zunehmend schlechter. Er ärgerte sich. Nicht über Erna. Ihre Gedanken und Beweggründe konnte er nachvollziehen. Er war wütend auf sich selbst und besonders darüber, dass er es einfach nicht schaffte, seine Interessen anderen gegenüber

1. AKT – DIE VORBEREITUNGEN

zu vertreten. Emil fühlte sich in diesem Moment schwach und ausgenutzt und vor allem hilflos. Doch wie jedes Mal, wenn er sich in so einem Gefühlszustand wiederfand, nahm er sich zusammen und tat, worum er gebeten wurde.

Während sich Emil auf den langen Weg hin zu den besonderen Würmern machte, fing die Elster mit ihrem Sportprogramm an. Sie hatte viele Übungen und Flugtrainings ausprobiert und festgestellt, dass sie im Fitnessstudio wirklich effektiv trainieren konnte.

Zunächst machte sie sich jeden Morgen auf in das nächstgelegene Studio, nur um dann festzustellen, wie viele Vögel die gleiche Idee hatten. Nie war genau das Gerät frei, welches die Elster benutzen wollte. Und das störte sie binnen kurzer Zeit so sehr, dass sie sich einen Plan ausdachte. Schließlich hatte sie ihren Tag ganz strikt und zeitlich begrenzt durchgeplant. Sollte sie von ihrem Zeit- und Trainingsplan abkommen, so hatte sie direkt schlechte Laune.

Also grübelte sie Abend für Abend und entwickelte dann eine geniale, wenn auch etwas berechnende, Idee.

Am nächsten Morgen machte Erna von Elster sich ganz früh auf den Weg zum Fitnessstudio. Es war noch so dunkel und früh, dass sich die meisten Vögel des Federnlandes noch im Reich der Träume befanden. Zielstrebig flog die Elster zur Eingangstür und hängte ein Schild auf, mit der Aufschrift „Studio geschlossen". Nachdem sie noch zwei Lagen rot-weißes Absperrband gespannt hatte, ging die Elster einen Schritt zurück und betrachtete ihr Werk. Über ihren genialen Plan musste sie grinsen.

Und gemäß ihren Hoffnungen, die Trainingsgeräte für sich alleine zu haben, kam in den darauffolgenden Tagen kein einziger Vogel durch die Tür des Fitnessstudios. Solche Dummköpfe, dachte sich Erna und war über ihren Sinn für den Wettbewerb mehr als stolz.

Eines Morgens hatte Erna von Elster schließlich die Idee, sich auf die Flugstrecke zu konzentrieren. Sie konnte einen riesigen Vorteil gewinnen, wenn sie es schaffen würde, die Flugpläne für

1. AKT – DIE VORBEREITUNGEN

das diesjährige Wettfliegen zu erlangen. Doch wie kam sie an die begehrten und leider so geheimen Informationen heran?

Zunächst begann die Elster, den obersten Schiedsrichter des Wettflugs zu beschatten. Schnell fand sie heraus, dass er in seinem Aktenkoffer alles Wichtige aufbewahrte. Und so simpel die Idee entstand, so simpel ließ sie sich auch umsetzen. Es schien fast zu einfach, als Erna sich in einem unbemerkten Moment den Koffer griff und die besagten Flugpläne schnell abfotografierte.

Welche konkreten Folgen es für den Schiedsrichter hatte, wenn jemand erfahren würde, wie fahrlässig er die wichtigen Informationen behandelte, war Erna in diesem Moment mehr als egal.

Die Tage zogen ins Land und die Vorbereitungen für den großen Wettflug entwickelten sich bei den teilnehmenden Vögeln in feste routinierte Trainingspläne.

Obwohl die Elster keine Mühen und Aufwände scheute, um besser zu sein als die anderen, war sie unzufrieden. Sie wusste zwar um die proteinreichen Würmer, den gut ausgestatteten Rucksack für unerwartete Situationen, die Massageeinheiten von Emil, denen sie einen wirklich guten Rücken verdankte und das leere Fitnessstudio. Trotzdem hatte sie das Gefühl, noch mehr machen zu können. Sie war selbst ihr innerer Antreiber, der sie motivierte, stets über den eigenen Tellerrand hinaus zu schauen und weiterzudenken.

So kam Erna schließlich auf die Idee, ihren Blick auf die Trainingsmethoden der anderen Vögel zu lenken. Welche Schwerpunkte legten sie in ihren Vorbereitungen? Wer übte wie lange? Und gab es noch einen anderen Favoriten neben ihr? Mit diesen Fragen setzte sie sich ab sofort intensiv auseinander.

Natürlich hätte die Elster es niemals geschafft, all diese Informationen allein zusammenzutragen. Aber wofür hatte man schließlich Freunde? Emil von Erpel war auch bei diesem Vorhaben selbstverständlich an ihrer Seite und beobachtete fortan ebenfalls die Vögel.

Nächtelang trafen sich die beiden Freunde und sammelten ihre Erkenntnisse auf großen Tafeln. Nach etlichen Diskussionen und Nachforschungen hatten Erna und Emil es endlich geschafft, einen recht guten Überblick über die Trainingsmethoden der anderen zu gewinnen.

„Das hätte ich niemals gedacht", stieß die Elster hervor und ging nervös auf und ab, „Peter von Prachtfink ist im Sturzflug ja viel besser als ich."

Emil von Erpel ahnte widerstrebend die Ausmaße, die die Erkenntnis der Elster annehmen konnte und wendete ein: „Vielleicht ist er das. Aber dafür bist du ihm in den anderen Disziplinen immer eine Schnabellänge voraus."

Erna blieb stehen und blickte dem Erpel nachdenklich in die Augen. „Noch ist genug Zeit da, um etwas zu unternehmen", antwortete sie und begann ihren Marsch fortzusetzen. Nach einigen Sekunden hatte Erna einen Einfall.

„Sag mal, Emil, was hältst du davon, Peter zu erzählen, dass sein Federnkleid verrutscht, wenn er zu schnell zum Boden schnellt? Das wäre eine Katastrophe für ihn. Schließlich möchte er doch schon seit Monaten die Damenwelt von sich beeindrucken. Er wäre viel zu eitel, um seine Chancen auf eine schöne Vogeldame zu verspielen, nur weil er keine Acht auf sein Äußeres gibt."

Emil von Erpel war wieder einmal beeindruckt von der berechnenden Art der Elster. Manchmal wünschte er sich sehr, etwas mehr zu sein wie sie. Erna hatte einfach für alles eine Lösung. Zwar war er auch etwas eingeschüchtert durch ihre wettbewerbsorientierte Vorgehensweise. Aber solange es nicht gegen ihn gerichtet war, genoss er Ernas Schatten, in dem er mit ihr mitfliegen durfte. „Ein super Einfall", stimmte er ihr nickend zu.

Doch Erna von Elster bemerkte das kurze Zögern des Erpels. „Worüber machst du dir nun Sorgen, mein Freund?", fragte sie. „Wir haben keinerlei Grund, uns schlecht zu fühlen, wenn wir andere Vögel austricksen."

1. AKT – DIE VORBEREITUNGEN

Emil schaute fragend und die Elster fuhr fort. „Zum einen ist das doch nicht unsere Schuld, wenn Peter uns Glauben schenkt und deswegen den Sturzflug weniger rasant durchführt. Dann darf er sich nicht so einfach beeinflussen lassen und muss misstrauischer sein. Sowas weiß man doch. Und die, die es nicht wissen, gehören sowieso zu jenen, die verlieren."

Doch Erna schien es, als sei der Erpel noch immer nicht vollends überzeugt. Und tatsächlich, Emil fühlte sich mit dem Gedanken, einen anderen Vogel auszutricksen, mehr als unwohl. Er war ein Wesen, dass von Grund auf jedem helfen wollte, ganz egal in welcher Situation. Er hatte nie gelernt, anderen Nachteile zu verschaffen und davon dann zu profitieren. Das widersprach seinen inneren Werten, die er sonst so stolz praktizierte, nämlich bedingungslos hilfsbereit zu sein.

So fuhr Erna fort: „Außerdem sind wir beide sicherlich nicht die Einzigen, die etwas tricksen. Jeder Vogel schaut doch, wie er besser sein kann als die anderen. Und bestimmt haben es schon ein paar andere Vögel versucht, uns reinzulegen. Nur dass das bei mir nicht möglich ist. Ich ahne nämlich schon mit einer gewissen Hinterlist, wenn jemand einfach so zu mir kommt und mir etwas erzählt." Stolz klopfte sie sich auf die Brust.

„Sei dir selbst immer am nächsten." Mit diesen Worten drehte sich die Elster um und beendete ihren Vortrag so langsam.

„Was du anderen nimmst, das hast du selber mehr. Und es ist nun mal das Ziel, selbst am meisten zu haben, damit man der Beste sein kann."

Diese letzten Worte ließen den Erpel grübeln. Stimmte das? War das Stückchen Kuchen, dass man Peter von Prachtfink nehmen wollte, tatsächlich genauso groß wie für einen selber? Emil von Erpel war kein dummer Vogel und ihn beschlich die Vermutung, dass dem nicht so sei. Peter war zwar im Sturzflug ein absoluter Überflieger. Doch in allen anderen Disziplinen hing er hinterher. Für ihn und seine Platzierung im Wettflug war es also enorm wichtig, dass er den Sturzflug so gut es ging durchführte. Nur

1. AKT – DIE VORBEREITUNGEN

so hatte er Chancen darauf, nicht einer der letzten Vögel zu sein, die die Zielgerade überqueren.

Erna von Elster dagegen war in allen anderen Flugkategorien deutlich besser als der Prachtfink. Für ihre Erfolgschancen war es gar nicht so wesentlich, dass Peter eine schlechte Performanz im Sturzfliegen absolvierte. Sie würde sowieso eine gute Leistung ablegen und in der Presse des Federnlandes mit tollen Bewertungen erscheinen.

Das, was sie Peter also nahm, war für ihn ein viel größerer Verlust, als es für die Elster ein Gewinn war.

Und so wurde dem Erpel klar, dass das Leben kein Nullsummenspiel war.

Anderen einen Vertrauensvorschuss zu gewähren, kann sich sehr lohnen

Die teilnehmenden Vögel des anstehenden Wettflugs bereiteten sich auf unterschiedlichste Art und Weise vor. Manche flogen täglich weite Strecken, um Ausdauer und Atemtechniken zu trainieren. Andere dagegen verbrachten ihre Tage damit, Gewichte zu stemmen.

Und dann gab es da auch Kai von Kranich. Er war durch und durch ein leidenschaftlicher Taktiker, sozusagen der Prototyp eines Planers und Nachdenkers.

Nichts interessierte ihn mehr, als strukturiert und gut vorbereitet eine Herausforderung anzugehen. Der Wettflug bedeutete für ihn nicht nur den Sieg, sondern vor allem auch eine Chance, zu zeigen, wie intelligent er Tauschgeschäfte abschließen konnte.

Was ihn besonders auszeichnete, war seine grenzenlose Liebe zum Detail. So konnte er nächtelang an einem kleinen Projekt arbeiten, wofür andere höchstens zwei Stunden ihrer Zeit hergeben würden. Doch den Kranich störte dieser enorme Zeitaufwand in keinster Weise. Im Gegenteil: Wurde er nicht gestört, so konnte er sich in Details und kleinen Arbeiten verlieren und wurde von einem Gefühl durchströmt, welches am ehesten mit dem Wort „glücklich" beschrieben werden konnte. Hier fühlte er sich wohl und kompetent. Niemand konnte ihm im Planen, Abwägen und in der Detailarbeit das Wasser reichen und es gab Kai ein unglaubliches Gefühl von Sicherheit und Zufriedenheit.

Erst vor kurzem nahm sich der Kranich vor, tolle Sportschuhe zu kaufen. Diese waren bei ihm besonders wichtig, da er stets Anlauf nehmen musste, um genügend Schwung für das Abstoßen in die Luft zu erlangen.

So nahm er sich ganze drei Tage Zeit, um die besten Angebote aus dem Internet zu finden. Er stellte dafür gleich zu Anfang die wichtigsten Kriterien zusammen, die sich wiederum in zwei

Unterkategorien teilen ließen: die absolut unerlässlichen und die ergänzenden Kriterien.

Selbstverständlich achtete er darauf, dass die Sportschuhe nicht zu teuer, dafür aber möglichst leicht und aus einem elastischen Stoff hergestellt waren. Nachdem er die besten 20 Angebote herausgefiltert hatte, begann Kai mit seinen weiterführenden Kriterien. Er kalkulierte und wägte ab. Und entschied sich am dritten Tage für ein Sportschuh-Modell, welches seinen Ansprüchen mehr als gerecht wurde.

Dass der Kranich so viel Zeit zum Nachdenken aufbrachte, war für ihn wichtig. So bekam er das Gefühl, wirklich alle Alternativen berücksichtigt zu haben und davon die am ehesten passende zu wählen. Das wichtigste Kriterium allerdings war immer dasselbe, egal um welchen Tausch es sich handelte: Der Kranich musste das Gefühl haben, einen Tauschgewinn erzielt zu haben. Schaffte er das, so wurde er immer von einem Gefühl des Stolzes und des eigenen Könnens überwältigt. In solchen Situationen freute sich Kai sehr über sein erfolgreiches Tauschgeschäft und fühlte sich unbesiegbar. Er war also stets bemüht, mindestens das zurück zu bekommen, was er zuvor investiert hatte.

Wo er im Kalkulieren und Planen so offensiv vorging, so defensiv verhielt er sich anderen Vögeln gegenüber. Kai war zwar kein scheuer Artgenosse, der sich versteckte oder den Kontakt zu anderen mied. Doch er bevorzugte zwischendurch eine ruhige Minute, in der er seinen Grübeleien und Gedanken freien Lauf lassen konnte. Oft wurde aus der anfangs eingeplanten Minute mithin schließlich eine halbe oder sogar eine ganze Stunde. Aber Kai von Kranich war dann so in seine Überlegungen vertieft, dass er tatsächlich ab und zu sein Zeitgefühl verlor. Durch sein etwas in sich gekehrtes Wesen wirkte er auf viele der Vögel des Federnlandes distanziert.

Kombiniert wurde dieser Eindruck auch dadurch, dass der Kranich sich anderen gegenüber zunächst zurückhaltender verhielt und erst nach einer gewissen Zeit entspannter wurde. Abhängig war dies vor allem davon, inwieweit die anderen Vögel auf ihn zugingen und den Kontakt suchten. So war Kai von Kranich

1. AKT – DIE VORBEREITUNGEN

zwar kompetent im Umgang mit Zahlen, Fakten und Details. Dafür stand ihm seine Unsicherheit im Umgang mit den anderen Vögeln oft im Weg.

Einmal hatte ihn Erna gefragt, woher er seine tolle Taschenuhr hatte. Kai erwiderte darauf zunächst zaghaft und später in ausführlicher Weise, wie er zu der Uhr gekommen sei und wieso sich genau dieses Modell so für ihn gelohnt habe. Mit der Zeit gewann der Kranich so immer mehr ein ernsthaftes Gefühl von Interesse und Vertrauen zu seinem Gegenüber. Dies war aber stets abhängig davon, wie sich der andere verhielt und wie vertrauenswürdig und aufrichtig er agierte.

Ein anders Mal hatte die Elster ihn darum gebeten, Flugblätter von ihrem Vogelgesicht zu verteilen und so Werbung für sie zu machen. Schließlich stände sie so unter Zeitdruck, dass sie es nicht schaffen würde, all diese Blätter im Federnland zu verteilen. Kai, so wie er nun mal war, zögerte und beschloss, Erna nicht zu helfen. Er habe selbst keine Zeit, antwortete er und zog von dannen.

Wie das Schicksal es nach kurzer Zeit wollte, stand auch der Kranich bald vor dieser Herausforderung. Auch er musste Flugblätter von sich verteilen, so machten es schließlich alle, die am alljährlichen Wettflug teilnahmen. Doch er wusste einfach nicht, wie er ein Foto von sich schießen sollte. Sein Schnabel war so lang, dass er ihn nicht ganz auf das Bild bekam, und er verzweifelte. Da sah er Erna von Elster, wie sie vor den Kameras der Journalisten posierte, und kam nach ihrem Presseauftritt auf sie zu.

„Erna", wendete er sich an die Elster. „Könntest du mir helfen, ein Foto von mir zu schießen? Ich bin darin einfach nicht begabt und du hast so viel Erfahrung darin." Doch Erna schüttelte den Kopf und lehnte ab. Sie hätte nun auch keine Zeit, antwortete sie knapp.

Kai von Kranich war zunächst überrascht und schließlich froh darüber, der Elster vorher ebenso nicht geholfen zu haben. Sonst hätte er ihr nachher etwas gegeben und im Gegenzug von Erna nichts bekommen. Das wäre nicht nur unverschämt, sondern

1. AKT – DIE VORBEREITUNGEN

auch ein Verlust seiner Zeit gewesen, die er in die Hilfe für sie investiert hätte.

Ein guter Freund von Kai war Emil von Erpel. Die beiden hatten sich im letzten Jahr kennengelernt und waren seitdem stets in Kontakt. Mal mehr und mal weniger – schließlich waren beide zurzeit wieder inmitten der Vorbereitungen für den großen Wettflug und Kai wusste, wie sehr der Erpel Erna von Elster in ihrem Trainingsprogramm unterstützte.

Bei ihrer ersten Begegnung fragte ihn Emil um Hilfe, als dieser versuchte, wieder einmal einen großen Beutel der proteinreichen Würmer mitzunehmen. Da der Erpel nicht nur Würmer für sich einpackte, sondern auch an die Elster denken musste, waren es an dem besagten Tag schlichtweg zu viele Würmer.

Der Kranich wurde von einem misstrauischen und vorsichtigen Gefühl durchdrungen und so antwortete er, dass er selber noch so viel zu tragen hätte und seine Zeit begrenzt sei. Emil konnte seine Enttäuschung nicht zurückhalten, doch wie sich später zeigte, war der Erpel alles andere als nachtragend.

So kam der Tag, an dem Kai beschloss, sein Federnkleid zu säubern. Doch egal wie er sich drehte, die hintersten Federn blieben unberührt. Der Kranich wusste um dieses Problem und hatte sich dafür sogar speziell eine Federn-Reinigungsmaschine gekauft. Diese war jedoch an diesem Tage nicht aufzufinden. Nach einer Stunde vergeblichen Bemühens, auch die letzten Federn vom Staub und Schmutz zu befreien, beobachtete Kai, wie Emil zufällig vorbeiflog. Auch wenn es dem Kranich sehr unangenehm war, da er selber nicht geholfen hatte, bat er den Erpel um seine Hilfe.

Wider all seiner Vermutungen landete Emil sofort neben ihm und sicherte ihm Unterstützung zu. „Natürlich helfe ich dir", begegnete Emil ihm. „Dieses Problem kenne ich nur allzu gut." So machte sich der Erpel an die Federn des Kranichs und, ehe sich Kai versah, war sein ganzes Federnkleid am Strahlen. „Emil, hast du nun all meine Federn gereinigt und gepflegt?" Er konnte seine Überraschung nicht verbergen. Emil nickte und erwiderte,

1. AKT – DIE VORBEREITUNGEN

dass er so eine gute Gelegenheit hatte, um seine neue Pflegecreme für Federn zu testen.

Der Kranich wusste es zu schätzen, dass Emil anfangs auf ihn zugegangen war und sich durch seine zunächst zurückhaltende Haltung nicht hatte abschrecken lassen. Durch die direkte und freundliche Art des Erpels fiel es Kai umso leichter, sich ebenfalls zu öffnen und etwas lockerer zu werden. Mit Emil von Erpel hatte Kai so oft nächtelange Gespräche über alles Mögliche geführt und stundenlang gelacht. Emil war zu einem richtigen Verbündeten und Freund geworden, dem Kai vertraute und den er immer mehr mochte.

So begann sich der Kranich eines Tages Sorgen um seinen Freund zu machen. Er beobachtete Emil, wie er Erna von Elster bei ihren Vorbereitungen half. Zwar wusste Kai, dass Emil ein herzensguter Erpel mit einer wirklich sehr großen Hilfsbereitschaft war. Doch er verstand nicht, wieso sein Freund sich nicht abgrenzen konnte. An einem Tag beobachtete Kai, wie Emil im strömenden Regen losflog, nur um Erna ihre proteinreichen Würmer zu besorgen. Je mehr Emil der Elster vertraute, desto mehr misstraute Kai ihr. Er fand das Tauschgeschäft zwischen den beiden Vögeln mehr als unfair und beschloss eines morgens, das Gespräch mit Emil zu suchen. Kai war es schlichtweg nicht möglich, nachzuvollziehen, wieso Emil sich so schlecht behandeln ließ und wieso er nicht aus seinen Erfahrungen lernte, sondern jedes Mal aufs Neue nachgiebig handelte.

„Mein Freund, siehst du nicht, wie die Elster dich ausnutzt?", eröffnete der Kranich das Treffen und sprach dabei direkt aus, was er sich ohnehin schon lange dachte.

Emil von Erpel blickte den Kranich zunächst überrascht und dann nachdenklich an. „Meinst du, dass Erna mich tatsächlich ausnutzt? Sie ist doch meine Freundin", erwiderte er etwas hastig.

Kai legte den Kopf schief. „Na, nach was sieht das denn für dich aus? Ich kenne deine große Hilfsbereitschaft und ich schätze sie wirklich sehr an dir. Aber hast du je einmal das Wort ‚Nein'

1. AKT – DIE VORBEREITUNGEN

bei Erna benutzt? Ich verstehe nicht, wie du dich so behandeln lassen kannst."

Der Erpel schaute Kai fragend und unsicher an. „Sieh mal", fuhr der Kranich fort, „unsere Freundschaft funktioniert so gut, weil wir beide etwas für den anderen zu tun bereit sind. Ist Erna von Elster das für dich auch?"

„Naja", wendete Emil traurig ein und zuckte schwach mit den Flügeln, „eher nicht. Ich weiß deine Sorge um mich zu schätzen, Kai. Und ich muss dir zustimmen: ‚Nein' habe ich tatsächlich noch nie zur Elster gesagt. Doch ich kann einfach nicht anders. Zu groß ist meine Angst, Erna als Freundin zu verlieren. Lieber gebe ich etwas mehr als eigentlich gut für mich ist, anstatt später keine Freunde zu haben."

Kai von Kranich sah seinen Freund an. Emil war von den Vorbereitungen und von Ernas Aufgaben bereits sehr müde und erschöpft und Kai wollte ihn unter keinen Umständen zu sehr aufregen. „Ich meine ja nur, gib etwas mehr Acht auf dich. Und vergiss nicht, dass du auch am Wettflug teilnehmen wirst. Denk daran, dafür zu sorgen, dass auch du über die Ziellinie kommst. Ich finde einfach, dass man zunächst darauf Acht geben sollte, dass es einem selber gut geht. Danach kann man auch gerne allen anderen helfen."

Emil von Erpel sah den Kranich dankbar an. „Du bist ein toller Freund", antwortete er. „Und du hast ja auch nicht Unrecht. Ich fühle mich nur etwas hilflos. Oft merke ich, wie ungleich die Freundschaft zwischen Erna und mir ist. Aber ich schaffe es einfach nicht, mich abzugrenzen. Und das lässt mich selber manchmal verzweifeln. Ich werde deinen Rat annehmen. Und falls du mal etwas von mir brauchst, weißt du ja - ich bin auch für dich da."

Mit diesen Worten verabschiedeten sich die beiden Freunde und gingen dann für den Rest des Tages getrennte Wege. Schließlich musste Emil für die Elster noch zur Reinigung laufen.

1. AKT – DIE VORBEREITUNGEN

Kai von Kranich war ein Vogel, der eher im Hintergrund agierte. Im Gegensatz zur Elster mied er die Kameras und Journalisten, die sich auf jeden teilnehmenden Vogel stürzten. Er fühlte sich im Blitzlichtgewitter weniger wohl, sondern vielmehr gemustert und beobachtet. So trainierte Kai selten auf öffentlichen Plätzen, wo ein reges Treiben stattfand.

Viel lieber war es ihm, sich an einem ruhigen Plätzchen niederzulassen und sich von dort aus möglichst ungestört und in seinem Tempo den Vorbereitungen zu widmen.

Neuerdings war ihm eingefallen, wie wesentlich doch eine gute Windbrille sei. Bei der Fluggeschwindigkeit, die er an dem großen Tag erreichen würde, und dem Gegenwind, der ihm fast den ganzen Wettflug gegen das Gesicht peitschte, war eine Windbrille einfach unerlässlich. Und so machte Kai von Kranich sich freudig und mit funkelnden Augen an die Arbeit, um nach dem perfekten Augenschutz zu suchen.

Tag für Tag hörte er sich fleißig im Federnland um und stellte schon bald eine riesige Liste mit Namen von Vögeln zusammen, die eine Windbrille besaßen. Natürlich notierte sich der Kranich nur diejenigen, die wahrscheinlich auch eine so gute Brille besaßen, dass er auch zufrieden war und sich damit arrangieren konnte.

Als Tauschobjekt wägte er auch verschiedene Optionen ab. Nicht jeder Vogel hatte Interesse an einer guten Musiksammlung oder an Politurutensilien. Doch eines stand sicher fest: Alle Vögel des Federnlandes vergötterten die begehrten und so raren Würmer. Genau diese, die der Erpel Erna gebracht hatte. Da Kai von Kranich vorausschauend gedacht und einen ganzen Beutel mit den Würmern zur Seite gelegt hatte, konnte er nun auf diesen wertvollen Vorrat zurückgreifen. Kai freute sich über seine Genialität, auch für Notsituationen wie dieser hier mitgedacht und geplant zu haben.

Nachdem Kai alle Namen mit vorhandener Windschutzbrille zusammengetragen hatte, begann er, die jeweiligen Vögel zu kontaktieren. Er vereinbarte etliche Treffen, um die gegenseitige

1. AKT – DIE VORBEREITUNGEN

1. AKT – DIE VORBEREITUNGEN

Tauschobjekte direkt vor Ort bewerten zu können. Doch egal, wer vor ihm stand und wie vielversprechend die Brille zunächst aussah – Kai von Kranich zu überzeugen war nicht einfach. Er war überaus kritisch und suchte intensiv nach Fehlern und Verschleißzeichen. So kam es nicht selten vor, dass Kai etwas fand, an dem er etwas auszusetzen hatte.

Und so verging Treffen nach Treffen, ohne dass der Kranich sich auf einen anderen Vogel einlassen konnte. Die Entscheidung, sich den bisherigen Angeboten zu entziehen, war meistens darin begründet, dass Kai den Deal als nicht lohnenswert ansah. Seine misstrauische Haltung anderen gegenüber verkomplizierte die Sache zusätzlich. Hatte Kai das Gefühl, der andere Vogel zweifle an dem Wert seiner Würmer oder fand die Forderung von Kai, was die Zahlung der Brille betraf, zu hoch, so blockierte er sein Gegenüber bereits unbewusst.

Des Weiteren fiel es dem Kranich alles andere als leicht, mit den Vögeln in ein entspanntes Gespräch zu gleiten. So viel Zeit Kai in Detailarbeit und in komplexe Aufgaben investierte, so wenig beschäftigte er sich mit den Künsten des Smalltalks. Dies war jedoch ganz wesentlich. Denn nur so war es möglich, ein gutwilliges und seriöses Gespräch hinsichtlich der Brille und der Würmer zu führen.

Kai von Kranich wusste um diese Problematik und wie sehr sie ihm Steine in den Weg legen konnte. Dieses Bewusstsein in Kombination mit seinem sowieso vorhandenen Bedürfnis nach Ruhe und strategischem Handeln löste bei den anderen Vögeln ein gewisses Bild aus. So bezeichneten ihn viele als arroganten Vogel, der ganz bei sich selbst blieb und stets mit gehobenem Schnabel umherlief. Wörter wie Überheblichkeit und Eitelkeit wurden dem Kranich nachgesagt, die, wie man hörte, wirklich außergewöhnlich stark ausgeprägt waren. Welch eine Ironie des Schicksals, dass ein gerade so negativ bewertetes Lebewesen im Inneren so ganz anders tickte. Im Gegensatz: Das Planen und Durchorganisieren von bevorstehenden Ereignissen und Herausforderungen gaben Kai das Gefühl, sicher und gut begründet zu handeln und nicht an sich und den eigenen Entscheidungen zu zweifeln.

1. AKT – DIE VORBEREITUNGEN

Nach vielen gescheiterten Treffen fand Kai von Kranich endlich einen Vogel, der ihm ein interessantes Angebot machte. Es war Peter von Prachtfink. Er war berühmt für seine riskanten Sturzflüge und für sein mutiges Wesen. Und jeder wusste, dass man bei solch hohen Geschwindigkeiten eine besonders robuste und gut verarbeitete Windschutzbrille benötigte. Peter hatte sich im Laufe der Jahre mehrere davon angeschafft und wusste nun nicht mehr wohin damit.

So brachte er zu der Verabredung mit Kai gleich drei verschiedene Brillenmodelle mit.

Der Kranich, der mit einer solchen Auswahl gar nicht gerechnet hatte, freute sich sehr über die Überraschung. Er wusste um die Qualität der Brillen und darum, dass der Prachtfink viel zu viele davon hatte.

So flogen die beiden Vögel los, tauschten sich über die Vorteile von Windbrillen aus und darüber, wie lecker eigentlich diese proteinreichen Würmer waren. Mittlerweile waren seit der Begrüßung bereits zwei Stunden verflogen und die Gesprächsatmosphäre wurde etwas ernster. Kai von Kranich wagte schließlich den weiteren Schritt und fragte Peter, ob er gerne die blaue Windbrille gegen den Beutel voll Würmer eintauschen wolle. Sehr zur Enttäuschung des Kranichs, begann der Prachtfink zu grübeln.

„Kai, du bist ein wirklich netter Kerl", begann er schließlich. „Doch je länger ich über diese Brillen rede, desto mehr Erinnerungen kommen hoch. Ich glaube, dass ich es nicht übers Herz bringen würde, eine davon abzugeben."

Der Kranich schaute Peter verdutzt und enttäuscht an. „Also kommt der Tausch nicht zustande?", fragte er ungläubig.

Der Prachtfink schüttelte erst langsam und dann immer schneller den Kopf. „Es tut mir leid, aber das wird nichts. Wir sehen uns am großen Tag, vor der Startlinie, Kai." Mit diesen Worten verabschiedeten sich die beiden Vögel. Während Peter von Prachtfink bereits an andere Sachen dachte, beschäftigte Kai die Ablehnung

1. AKT – DIE VORBEREITUNGEN

des Prachtfinks sehr. Er ärgerte sich über die plötzliche Ablehnung von Peter, schließlich hatte Kai seine Würmer angeboten und war so einen großen Schritt auf Peter zugegangen. Seine positive Meinung und seine Bereitschaft, Peter zu helfen, waren schlagartig fort. Das würde er sich merken.

Und siehe da, nach genau einer Woche suchte der Prachtfink Kai erneut auf.

In seiner Hand die blaue Windbrille. „Ich habe mich doch anders entschieden. Du kannst die Brille gerne haben, ich habe einfach keinen Platz mehr für sie. Bei dir wäre sie besser aufgehoben. Steht dein Angebot noch?"

Der Kranich begann zu überlegen. Er hatte tatsächlich noch kein wesentlich besseres Angebot gefunden und so langsam wurden die Tage zum Wettflug spürbar weniger. Es wäre richtig und vernünftig, das Angebot des Prachtfinks anzunehmen. Doch Kai wurde von seinem Stolz gehemmt. Er konnte noch immer die Enttäuschung spüren, als Peter den Tausch abgelehnt hatte, und wollte ihm nun zeigen, dass man das mit ihm nur einmal machen konnte. Zu groß waren sein Ärger und seine Überraschung, dass der Prachtfink sein Angebot abgelehnt hatte. So schüttelte der Kranich den Kopf und erwiderte: „Nein danke, Peter. Meine Situation hat sich nun auch geändert. Deine Brille brauche ich nicht mehr." Als der Prachtfink sich dann auf den Rückweg machte, war Kai zwar noch immer brillenlos. Aber er war stolz darauf, Peter gezeigt zu haben, dass man mit ihm nicht alles machen konnte.

Die Tage zum Wettflug zogen immer weiter ins Land und Kai fing an, etwas nervös zu werden. Seinen anderen Vorbereitungen war er routiniert nachgegangen. Den Sport hatte er nicht vernachlässigt, genauso wenig wie seine gesunde Ernährungsweise. Doch dass er noch immer keine Windbrille gefunden hatte, beschäftigte ihn sehr und ließ ihm keine Ruhe.

So war er umso erleichterter, als er Wanda von Wildgans begegnete. Sie war bekannt dafür, großzügige Tauschangebote zu machen und auf die anderen Vögel zuzugehen. Als sie eines

1. AKT – DIE VORBEREITUNGEN

Tages davon hörte, dass Kai noch immer vergebens nach einer geeigneten Windbrille Ausschau hielt, wurde sie hellhörig und suchte ihn direkt auf.

Zwar war das Modell, welches sie dem Kranich anbot, schon etwas älter und von Gebrauchsspuren gekennzeichnet. Doch sonst erfüllte es tatsächlich alle Bedingungen, die Kai an eine Brille stellen würde. Außerdem wusste er, dass es sich um eine Markenbrille handelte, die für ihre langjährige Qualität bekannt war.

Kai war sich nicht sicher, ob die Wildgans um den genauen Wert der Windbrille wusste. Doch er nutzte seine Chance und willigte dankbar und mit einem freudigen Lächeln in das Angebot ein. Dass er zu diesem Zeitpunkt noch einen so profitablen Deal machen würde, hätte er nicht mehr gedacht. So freute sich Kai von Kranich umso mehr.

Er war überrascht von Wandas Bereitschaft, ihm zu helfen, ohne selber etwas zu erwarten. Sie hatte ihm schließlich die so dringend benötigte Windbrille angeboten. Kai beschloss, die Wildgans ebenfalls zu unterstützen, sollte sie zukünftig Hilfe gebrauchen. Er hätte nicht so wie Wanda gehandelt. Die Angst war viel zu groß, ausgenutzt zu werden, und so handelte Kai stets nach der Devise, zunächst zu zögern, als jemandem blind zu vertrauen.

Nachdem der zufriedene Kranich abends in sein Nest geflogen war und die Brille betrachtete, dachte er darüber nach, wieso er erst so spät ein Tauschgeschäft eingegangen war. Vielleicht standen ihm seine misstrauischen Gedankenzüge im Weg. Wanda von Wildgans hatte ihm schließlich bewiesen, dass nicht jeder Vogel nur auf seinen eigenen Vorteil bedacht war, sondern dass es durchaus welche gab, die mit ihrem Angebot etwas Gutes tun wollten. Wäre er mit diesem Gedanken den anderen Vögeln begegnet, so hätte er vermutlich viel schneller an eine tolle Windbrille rankommen können. Anderen einen Vertrauensvorschuss zu gewähren, kann sich also wirklich lohnen.

Anderen mit Vertrauen und Wohlwollen zu begegnen, ermöglicht ein großes Netzwerk

Ob es Erna von Elster oder Kai von Kranich waren – die Teilnehmenden des alljährlichen Wettflugs verbrachten ihre Trainingszeit auf vollkommen unterschiedliche Weise.

So auch Wanda von Wildgans. Sie war eine Persönlichkeit, die man nur mögen konnte. Daher war es kaum verwunderlich, dass sich die Wildgans mit einem riesigen Freundeskreis schmücken konnte. Sei es beim morgendlichen Spazierflug oder während der alltäglichen Erledigungen – Wanda hatte überall Kontakte und war den Vögeln des Federnlandes ein bekannter und sympathischer Name.

Die Wildgans zeichnete sich in erster Linie durch ihr offenes und gut gelauntes Wesen aus. Als man hörte, dass sie ebenfalls bei dem großen Wettflug mitfliegen würde, waren viele entzückt und froh darüber, jemand Verbündeten in der Flugreihe begrüßen zu können.

Und so änderte Wanda von Wildgans die Konkurrenzmoral mancher Vögel in ein gemeinschaftliches Miteinander. Es wurden zum ersten Mal seit Jahren einzelkämpferischer Vorgehensweisen auch freundliche und gut gemeinte Gespräche unter den Vögeln festgestellt.

Zugegeben: Erna von Elster brachte diese neue Art der Vorbereitung auf den Wettflug mehr als durcheinander. Sie war etwas erstaunt über die Naivität der anderen, Wanda so leicht Vertrauen zu schenken. Da Erna jederzeit mit einem hinterlistigen Gedanken anderer Vögel rechnete, war für sie klar, dass Wanda von Wildgans etwas im Schilde führte. Schließlich war es doch offensichtlich, dass man mit Wettbewerbsdenken am erfolgreichsten war. Das war im vergangenen Jahr das ausschlaggebende Erfolgsrezept der Elster gewesen. Und das hatten ja auch alle Nachrichtensender und Zeitungen bestätigt.

1. AKT – DIE VORBEREITUNGEN

So konnte die Elster einfach nicht umhin, den Kopf über die der Wildgans zugewandten Vögel zu schütteln. Doch natürlich behielt sie ihre Gedanken für sich. Wenigstens hatte sie die Taktik von Wanda durchschaut, dachte sich Erna von Elster und lächelte in sich hinein. Wenn die anderen nicht vorsichtig genug waren und sich vom eigentlichen Training ablenken ließen, so war der künftige Misserfolg beim Wettfliegen ihr eigener Verdienst.

Die Vorbereitungen und Trainings im Federnland waren im vollen Gange. Es gab abgesteckte Flugstrecken, auf denen man zeigen konnte, wie schnell eine Flugbeschleunigung möglich war. Extra dafür hatte sich ein älterer Adler namens Anton gemeldet und feuerte Tag für Tag den lauten Startschuss am Anfang der Flugbahn ab. Wanda von Wildgans trainierte viel an jenen Übungsstrecken. Sie hatte vor dem älteren Vogelherr Achtung – schließlich handelte er ehrenamtlich und ermöglichte es vielen Vögeln, sich für das Wettfliegen vorzubereiten. Er half anderen, ohne etwas zurück zu verlangen. Das stach nach Wandas Meinung besonders in diesen rauen Wettbewerbszeiten hervor. Und so beschloss sie insgeheim, dass Anton der Adler ihr Vorbild sein sollte.

Jeden zweiten Morgen, wenn es für die Wildgans Zeit war, ihre Flugbeschleunigung zu verbessern, wachte sie etwas früher als gewöhnlich in ihrem Nest auf. Nach der morgendlichen Putzroutine stöberte Wanda dann immer ein Weilchen in ihren Insektenvorräten und füllte einen kleinen Beutel mit den Leckereien auf. Wenn sie schließlich an der abgesteckten Flugstrecke angekommen war, steuerte sie direkt den Adler am Anfang der Bahn an. Die beiden Vögel begrüßten sich jedes Mal mit einer Freude, die in Erinnerung blieb.

So sagte Anton der Adler eines morgens: „Wie schön dich wieder zu sehen Wanda. Und iss die Insekten heute lieber selber – du musst dich für dein hartes Training schließlich auch belohnen." Doch die Wildgans schüttelte den Kopf und stemmte ihre Flügel in die Hüften. „Anton, du weißt doch, von den ganzen Grillen und Käfern habe ich genug für uns beide. Du unterstützt uns Vögel so sehr, da kannst du solche kleinen Geschenke auch mit gutem Gewissen annehmen." Ohne eine weitere Reaktion abzuwarten,

1. AKT – DIE VORBEREITUNGEN

winkte Wanda die Wildgans lächelnd und machte sich auf den Weg zu den anderen an der Flugstrecke.

Anton der Adler war zutiefst gerührt von der so unscheinbaren und kleinen Geste der Wildgans. Nie hätte er damit gerechnet, dass auch jemand mal an ihn denkt. Wanda machte ihm kleine Geschenke, ohne dass sie einen konkreten Vorteil davon hatte. Solche Vögel begegneten ihm selten.

Als eines Tages ein Fernsehteam zu den Flugstrecken kommen sollte, waren alle bereits in der Früh da. Man sah Kameras und moderierende Vögel herumfliegen – es war ein ganz schönes Durcheinander. Wo man auch hinsah, überall waren Lautsprecher und Federn zu sehen, begleitet von schnatternden Stimmen und einer leichten Nervosität.

Anton der Adler hatte wie immer alles im Blick und thronte majestätisch auf seinem altbewährten Platz am Anfang der Flugbahn. Ihm entging nie etwas. Und so fiel ihm direkt auf, dass die Wildgans an jenem Morgen nicht aufzufinden war.

Schließlich schlenderten Erna von Elster und Emil von Erpel langsam und gemächlich an ihm vorbei und ihm gelang es, einen kleinen Teil der Unterhaltung aufzufangen. Die Elster lachte höhnisch und sagte: „Da hat mein Wecker-Trick doch ganz wunderbar funktioniert." Und Emil erwiderte darauf: „Du hast Recht, Wanda wird es nicht mehr rechtzeitig zu ihren Interviews schaffen." Der Adler traute seinen Ohren nicht – die beiden Vögel hatten Wandas Wecker absichtlich manipuliert, damit sie die Interviews nicht wahrnehmen konnte.

Im Federnland gab es in den Zeiten des Wettflugs eine Menge Regeln – unter anderem durfte man sich so wenig wie möglich in die Angelegenheiten der Teilnehmenden untereinander einmischen. Schon diese Vorstufe vor dem eigentlichen Fliegen zählte zum Wettbewerb dazu. Und gerade der Adler hatte mit den Jahren gelernt, sich aus Intrigen und den Absichten der Teilnehmenden herauszuhalten. Er hatte schlichtweg keine Lust darauf, für einzelne Vögel die Wogen zu glätten, so war er doch für so viele von ihnen unsichtbar. Doch für Anton war es keine

1. AKT – DIE VORBEREITUNGEN

Frage, seine bisherige Haltung zur Hilfsbereitschaft über Bord zu werfen und der Wildgans schnellstmöglich zu helfen.

Sowas Unfaires hatte sie nicht verdient. Also griff er zum Vogelhörer und klingelte Wanda aus ihrem Nest.

Nach gerade einmal zehn Minuten beobachtete Anton der Adler, wie die Wildgans an der Flugbahn erschien und ihm sichtlich dankbar zunickte. Dann warf sie sich schnell in das Gemenge der Vögel und Kameras und verschmolz mit dem Gewirr von Schnattern und Fotoblitzen. Erna von Elster traute währenddessen ihren Augen kaum.

Wanda von Wildgans war nach dem ganzen Interview-Trubel mehr als erschöpft. Nachdem der Adler sie gerade noch rechtzeitig aus ihrem Schlaf gerissen hatte, war sie Hals über Kopf losgeflogen und hatte in der Hektik ganz vergessen, sich Wasser und Würmer mitzunehmen. Es waren seit Beginn der Interviews drei Stunden vergangen und ihr kleiner Magen machte nun unüberhörbar auf sich aufmerksam.

„Hast du vielleicht Hunger?" Peter von Prachtfink ging mit einer Gruppe anderer Vögel zu ihr hin und lachte herzhaft. „Deinen Magen hört man ja über die ganze Flugbahn", zwitscherte er. Ehe Wanda etwas erwidern konnte, streckten ihr mehrere Flügel Würmer und Beeren entgegen. Die anderen Teilnehmenden lächelten sie an und begannen, ihr zweites Frühstück mit ihr und untereinander zu teilen. Die Wildgans war überwältigt von der so großzügigen Hilfsbereitschaft und überglücklich, so viel Unterstützung zu erhalten.

Das Frühstück am späten Vormittag dauerte letzten Endes zwei volle Stunden und die anderen Vögel trainierten schon seit einer ganzen Weile wieder auf der Flugbahn. Doch die Gruppe um Wanda herum machte das keineswegs nervös. Ganz im Gegenteil: Es war schön, die anderen Vögel etwas näher kennen zu lernen und sich mit ihnen über die Trainingszeit auszutauschen. Da war zum Beispiel Berta von Blaumeise, die wegen ihrer kleinen Flügelspannbreite besorgt war. Oder Mike von Mauersegler, der für jede Situation und jeden Anlass einen flotten Spruch auf dem Schnabel hatte. Und nicht zu vergessen war Ronja von Rotkehlchen – eine ganz hübsche Vogeldame, die vor lauter Mut und Energie nur so strotze. Für die Wildgans war es unglaublich schön, die anderen nicht als Konkurrenten zu sehen, sondern als Vögel, genauso wie sie einer war, mit einer ganz eigenen Persönlichkeit.

Nach dem Frühstück startete Wanda mit einigen neuen Bekannten mehr ins Training. Ihrer Meinung nach waren diese zwei Stunden mit der Vogelgruppe deutlich mehr wert als zwei Trainingsstunden. Sie war vollends satt und fühlte sich frisch und motiviert, den Tag nun so richtig anzugehen.

Neben der riesigen Flugbahn, etwas weiter abseits und auf den ersten Blick gar nicht so leicht erkennbar, befand sich ein kleiner ausgefeilter Hindernisparcours. Wanda von Wildgans entdeckte diese tolle Trainingsreihe nach einer Weile und berichtete den anderen Vögeln direkt ganz aufgeregt von ihrer neuen Entdeckung. Ehe man sich versah, flog eine Gruppe von fast zehn Vögeln zum Parcours. Ronja von Rotkehlchens Augen strahlten – Hindernisse waren genau ihr Ding. Und so verging keine Minute, da befand sie sich mitten in den Aufgaben und Schwierigkeiten, die der Parcours bereithielt. Die Stimmung unter den Vögeln war ausgelassen und freudig. Wanda rief dem Rotkehlchen bei einer besonders schwierigen Stelle zu: „Ganz schön kniffelig der Parcours, oder?", und lachte ausgiebig. Ronja stimmte direkt in das schnatternde Gelächter mit ein und teilte den anderen bei jedem Hindernis mit, mit welchen Tricks sie dieses bewältigt hatte.

So vergingen Stunden und Tage, an denen sich Wanda von Wildgans mit den anderen Vögeln am Hindernisparcours verabredete und schon bald wurde dieser Ort zum allgemeinen Treffpunkt der gut gelaunten Gruppe. Absolvierte ein Vogel den Parcours, so schauten alle anderen dabei ganz aufmerksam zu und feuerten ihn enthusiastisch an. Gegenseitig verriet man sich Tipps und Tricks und spornte sich an, wo es nur ging.

Berta von Blaumeise hatte eines Tages die grandiose Idee, den Bereich neben dem Parcours für Dehn- und Aufwärmübungen zu

1. AKT – DIE VORBEREITUNGEN

nutzen. Sie erklärte sich dazu bereit, diese Übungen als Expertin den anderen Vögeln vorzumachen. Es schlichen sich nach kurzer Zeit sogar ein paar relativ fixe Kurse von der Blaumeise ein. So begann die Vogelgruppe morgens stets mit einem kleinen Yogaprogramm, um den Tag zu begrüßen und sanft ihre Federkörper zu dehnen. Die Yogastunde schlug dann schnell in intensive Aufwärmübungen um, an denen jeder dann bei Interesse teilnehmen oder aber auch gehen konnte.

Wanda von Wildgans war währenddessen auf ein sehr altes Rezept ihrer Großmutter gestoßen und bald fand sie heraus, dass es sich hier um ein Power-Getränk handelte. Aus einer kleinen Notiz am Rande konnte sie ablesen, dass das ein Geheimgetränk von ihrem Großvater war, als er damals am Wettfliegen teilgenommen hatte. Sie machte sich sofort daran, das Getränk anzumischen und kostete dabei ab und zu von der leckeren Flüssigkeit. So wurden aus kleinen Schlucken schnell große Trinkzüge und die Wildgans war überrascht, wie viel Energie und Kraft sie plötzlich hatte. Wanda war tatsächlich auf ein wahres Geheimrezept ihrer Familie gestoßen und konnte ihr Glück dabei gar nicht fassen.

Doch bald kam Wanda von Wildgans der Gedanke, wieso sie diese tolle Entdeckung eigentlich nur alleine genießen sollte. Sie mochte ihren Freundeskreis so sehr, dass sie keinen Grund sah, ihnen das Power-Getränk zu verwehren. Und so mischte sie einen ganzen Abend lang Unmengen von dem Zaubertrank an und füllte ihn in viele kleine Flaschen.

Am nächsten Morgen war sie die Erste am Hindernisparcours. Vor ihr standen aufgestapelt die kleinen Flaschen und Wanda freute sich auf die Reaktionen der anderen. Schon bald flog Mike von Mauersegler zu ihr hin, legte den Kopf schief und fragte überrascht: „Was hast du uns da denn mitgebracht?" „Ein wahrer Wundertrank ist das, Mike. Davon kriegt man direkt einen großen Energieschub."

Nach weiteren zehn Minuten kamen immer mehr Vögel vorbei, freuten sich über Wandas Großzügigkeit und tranken neugierig aus den Flaschen. Peter von Prachtfink war ganz hin und weg von

1. AKT – DIE VORBEREITUNGEN

dem Power-Getränk. „Wanda, du bist einfach spitze", schnatterte er ihr ins Ohr. „Tausend Dank für dieses tolle Getränk!"

Die Wildgans strahlte an diesem Tag über beide Ohren und sie war von den vielen positiven Reaktionen der anderen Vögel sichtlich gerührt. So pendelte es sich ein, dass Wanda samstags immer das Power-Getränk für die anderen Vögel bereitstellte. Womit sie nicht gerechnet hatte, war, dass fast jeder Vogel ihr eine Kleinigkeit zurückgab: Mal war es ein Kamm für ihr Federnfell, mal eine Flugbrille – der Wildgans wurden die unterschiedlichsten Sachen geschenkt.

Wanda war sich nach einer Zeit bewusst, wie groß ihr Netzwerk mittlerweile geworden war. Sie kannte nun fast die Hälfte der vielen Teilnehmenden mit Namen und wohin sie auch ging, sie wurde herzlich gegrüßt.

Ihre Power-Getränke sprachen sich im Federnland so schnell herum, wie der Wind das Schnattern der Vögel tragen konnte. Die Amsel erzählte es dem Finken und der wiederum seinen Bekannten, den Tauben. Es wurde gegurrt und geschwärmt von dem Geschmack und der Wirkung des Getränks. Und es dauerte nicht lange, da gesellten sich mehr und mehr Vögel am Samstag zur Wildgans, um etwas von ihrem Getränk abzubekommen.

Zunächst freute sich Wanda von Wildgans sehr über die positiven Reaktionen der anderen. Dass sie ihnen damit helfen konnte, motivierte sie, an einem weiteren Tag in der Woche die Getränke zu verteilen.

Aber dass sie so weniger Zeit für ihr eigenes Training hatte, fiel ihr erst beim genaueren Nachdenken auf. Außerdem wurde Wanda bewusst, dass sich Vögel wie die Elster plötzlich zu ihr gesellten und ein Getränk nach dem anderen mitnahmen. Von Erna hatte sie noch nie viel gehalten – schließlich war sie bekannt für ihr Konkurrenzdenken und ihren Kämpfergeist. Und als die Wildgans diesen Gedanken nachging, wurde ihr bewusst, dass Erna ihr noch nicht ein einziges Mal geholfen, geschweige denn sich bei ihr bedankt hatte.

1. AKT – DIE VORBEREITUNGEN

Wanda schüttelte ihr Gefieder – das konnte sie nicht mit sich machen lassen. Ihre Zeit war schließlich auch wertvoll. Und jedem zu helfen, ohne auf sich selbst Acht zu geben, war verantwortungslos. So stellte die Wildgans kurz danach wieder nur für einen Tag in der Woche die Power-Getränke her. Das würde ihr nicht noch einmal passieren.

Als der nächste Samstag kam, verteilte Wanda erneut gut gelaunt ihre Getränke. Da stand auf einmal Erna von Elster vor ihr und lächelte sie gönnerisch an. „Hallo, Wanda", säuselte sie, „hast du wieder ein Getränk für mich parat?"

Die Wildgans lächelte Erna ebenso gönnerisch an und erwiderte: „Nein, Erna. Für dich habe ich keine Getränke mehr bereit. Ich habe so langsam das Gefühl, dass du nur zu mir kommst, wenn du von mir profitieren kannst. Ehrlich gesagt, gebe ich lieber den Vögeln meine Getränke, die es auch gut mit mir meinen. Nimm es bitte nicht persönlich."

Nach einem schnellen Augenblick schien die Botschaft bei der Elster anzukommen und für Unbehagen zu sorgen. „Na gut. Deine Getränke brauche ich sowieso nicht", konterte Erna und schritt hocherhobenen Hauptes an Wanda vorbei. Wie unangenehm die Situation für die Elster war, sah man ihr sichtlich an und so machte sie sich schnell auf zu einem anderen Ort. Natürlich in Begleitung von Emil von Erpel.

Die nächsten Tage und Wochen vergingen wie im Flug. Regelmäßig trainierten die Teilnehmenden des alljährlichen Wettflugs und so langsam konnte man gewisse Trainingserfolge erkennen. Die Vögel wurden schneller, gewannen an Ausdauer und eigneten sich immer mehr Kniffe und Fähigkeiten in der Luft an.

Es hatte sich so eingelebt, dass die Wildgans mit den anderen auch abends gemütlich bei einem Lagerfeuer zusammensaß. Diese Zeit wurde genutzt, um sich die wildesten Geschichten aus der Vergangenheit zu erzählen. Wie die Vorfahren ihr geliebtes Federnland verteidigt hatten und wie viel Mut sie dabei beweisen mussten. Es war schön, sich auszutauschen und miteinander zu lachen. Mike von Mauersegler war durch und durch der kreativste

1. AKT – DIE VORBEREITUNGEN

1. AKT – DIE VORBEREITUNGEN

und phantasievollste Geschichtenerzähler, den die Wildgans je getroffen hat.

Je mehr Geschichten erzählt wurden und je länger man miteinander schnatterte, je weiter wurden die Gedanken gesponnen. Und so kam es, dass Wanda von Wildgans auf die Idee kam, über die Flugstrecke des anstehenden Wettfliegens zu grübeln. Sie erinnerte sich, dass in den vergangenen Jahren durch Wälder und über riesige Felder geflogen worden war. So war es Wandas Ansicht nach sehr unwahrscheinlich, dass sie dieses Jahr eine ähnliche Strecke fliegen würden. Ihr kam es eher in den Sinn, dass sie über den großen Fluss, über eine lange Gebirgskette oder durch das Nebelfeld fliegen müssten.

Peter von Prachtfink fiel auf, dass Wanda schon eine ganze Weile ihren Gedanken nachhing. Neugierig fragte er: „Wanda, worüber denkst du gerade nach?" Die Wildgans zögerte keinen Augenblick und begann sofort, den anderen von ihren Vermutungen über die Flugstrecke zu erzählen. Sie gestikulierte und versuchte, den anderen Vögeln ihre Theorien und Gedanken näherzubringen.

Die anderen Vögel waren davon mehr als elektrisiert – schließlich hatte die Wildgans wirklich gute und logische Vermutungen, welche Strecke für das diesjährige Wettfliegen am wahrscheinlichsten war. Mit der Zeit bemerkte Wanda, wie sich ein weiterer Vogel um das Lagerfeuer setzte und ihr gespannt zuhörte – es war Erna von Elster. Etwas erstaunt über ihre Anwesenheit war die Wildgans ja schon. Schließlich hatte sie Erna bei ihrer letzten Begegnung vor den Kopf gestoßen und sie in ihrem Nehmerverhalten gestoppt. Doch sie sah keinen Grund, die Elster erneut wegzuschicken und ihr ihre Überlegungen zur möglichen Flugstrecke vorzuenthalten. Für Wanda von Wildgans war es eine wichtige Eigenschaft, nicht nachtragend zu sein – immerhin macht jeder Vogel mal Fehler, dachte sie sich, lächelte die Elster an und fuhr mit ihren Erzählungen fort. Dass Wanda keine Scheu hatte, den anderen ihre Gedanken mitzuteilen, motivierte die Vögel ebenfalls, ganz unbesorgt und sehr spontan auch ihre Überlegungen zu äußern. Und so entstand an jenem Abend

1. AKT – DIE VORBEREITUNGEN

eine Gesprächsdynamik, wie es sie noch nie zuvor unter den Vögeln gegeben hatte.

Wanda von Wildgans erinnerte sich in den nächsten Tagen gerne an jenen Abend zurück – wie sie zwischen ihren Freunden saß und sich gut aufgehoben fühlte. Was für viele ein Wettkampf war, sah sie als eine Chance an, um Kontakte zu knüpfen und um gemeinsam etwas Tolles zu erreichen. Der Schlüssel für so viele Vogelfreundschaften war für sie ganz klar: Einen Schritt auf jemanden zuzugehen und ihm einen Gefallen oder einfach etwas kleines Gutes zu tun, öffnete viele Türen. Der Wildgans war kaum aufgefallen, was sie sich mittlerweile für ein großartiges Netz an Kontakten aufgebaut hatte und wie sehr sie das in ihren Trainingsvorbereitungen für das große Wettfliegen stärkte.

Hör auf, denen etwas zu geben, die sonst nur nehmen

Emil von Erpel freute sich jedes Jahr wieder auf das große spektakuläre Wettfliegen. Nicht, weil er gerne flog oder weil er die Vogelpresse so aufregend fand – ganz im Gegenteil. Der Erpel wusste, dass die Teilnehmenden des Wettflugs in der Vorbereitungszeit mehr als angespannt waren und jede Hilfe annahmen, die sie bekommen konnten. So auch seine.

Emil war mehr als bewusst, dass er mit seinem sperrigen Körper und seinen verhältnismäßig kurzen Flügeln keine große Chance hatte, der erste zu sein, der durchs Ziel flog. Diese schöne Vorstellung hatte er schon lange ganz beiseitegeschoben.

Bereits in seiner Jugend hatte er gelernt, was es hieß, ein Erpel zu sein. Die anderen Vögel aus dem Federnland hatten es ihm mehr als deutlich gemacht. In jeder Flugstunde, die sie in der Schule absolvierten, wurde Emil von Erpel wegen seiner Körperform, den glanzlosen Federn und wegen seinen nicht ganz so geschickten und graziösen Flügelschlägen geärgert. Nein, diese Zeit war für ihn alles andere als einfach. Das Gefühl, nicht gut genug und vor allem anders zu sein, als die anderen, hatte sich tief in sein Herz gegraben. Und mit diesem Gefühl wuchs der unbändige Wunsch nach Anerkennung, nach Freunden und natürlich nach Anschluss. So kam ihm das große Wettfliegen jedes Jahr wieder sehr gelegen.

Emil von Erpel war es seit seiner Jugend gewohnt, im Schatten der anderen zu zwitschern und an seine eigenen Flugkünste nicht mehr ganz zu glauben. So war es für ihn nichts Neues, hinter Erna von Elster zu fliegen und ihren Flugwind wieder und wieder abzubekommen. Wenn der Startschuss zum Fliegen fiel, sprühte aber auch bei Emil ein kleines Fünkchen Hoffnung auf, eine passable Flugzeit zu absolvieren. Der Erpel versuchte deswegen immerhin, an seinem Sturzflug zu feilen oder seine Flugbeschleunigung zu stärken. Manchmal, wenn er alleine war und sich seinen Gedanken hingab, stellte er sich vor, wie es wäre, einmal selber der Star des Wettflugs zu sein. Ganz verträumt

1. AKT – DIE VORBEREITUNGEN

stellte er sich dann vor, wie alle Vögel des Federnlandes zu ihm aufschauen und ihm zujubeln würden, und er war hin und weg. Nach einer gewissen Zeit riss der Erpel sich dann aber selbst von diesen euphorisierenden Gedanken los, die seiner Meinung nach doch viel zu unrealistisch waren.

Das Gefühl, gebraucht zu werden und gut zu sein, suchte er sich stattdessen bei Erna von Elster. Ihr Name war überall im Federnland bekannt. So gewann sie das letzte Wettfliegen doch mit so unglaublich spektakulären Flugmanövern im Wald. Emil war stolz darauf, eine so erfolgreiche Freundin zu haben, und er verbrachte gerne Zeit mit ihr.

Jeden Morgen holte er sie an ihrem Nest ab und zusammen flogen sie dann zu etlichen Presseterminen, Strategietrainings und Flugstrecken. Da Erna es so schwer fiel, morgens früh genug aus dem Bett zu kommen, versäumte sie es regelmäßig, sich ihr eigenes gesundes Frühstück vorzubereiten. So hatte der Erpel es sich angewöhnt, gleich zwei Portionen anzufertigen und der Elster etwas abzugeben – schließlich war er durch und durch ein Fan von Erna und ein sehr aufmerksamer Freund. Dass er im Umkehrschluss Nahrung für zwei Schnäbel besorgen musste, war ihm zu diesem Zeitpunkt leider gar nicht so bewusst.

Eines Morgens frühstückte Erna von Elster genüsslich die proteinreichen Würmer, die Emil ihr vorbeigebracht hatte, während der Erpel ihr wie jeden Tag die aktuelle Wetterlage schilderte. So konnte sich die Elster für jeden Tag gut ausstatten. Bei Unwetter streifte sie sich ihr nagelneues Regencape über, bei strahlendem Sonnenschein dagegen nahm sie ihre Sonnenbrille mit. Dass Erna eine Wetterausstattung hatte, von der jeder Vogel nur träumen konnte und Emil rein gar nichts von all dem besaß, fiel dem Erpel zwar auf, doch es kümmerte ihn nicht wirklich. Er freute sich stattdessen für seine Freundin und gönnte ihr diese tollen Sachen bedingungslos. Die Elster schenkte ihm immerhin die Aufmerksamkeit, nach der er sich so sehr sehnte.

Nachdem Erna von Elster sich an jenem Morgen satt gefressen und ausgiebig ihr Federnkleid geputzt hatte, war sie nun endlich bereit, mit Emil das Trainingsprogramm zu starten. Die beiden

1. AKT – DIE VORBEREITUNGEN

Freunde verließen das kleine Waldgebiet und flogen über zahlreiche Felder und Flüsse. Der Erpel genoss die Aussicht und freute sich darüber, endlich seine Flügel zu schlagen und den Wind um seinen Schnabel zu spüren. Und mit dem Wind flog auch die Zeit an den beiden Vögeln vorbei. Dies spürte vor allem Emil. Es fiel ihm zunehmend schwerer, die Geschwindigkeit zu halten und nicht allzu weit hinter der Elster zu fliegen. Doch bald schon musste er sich bei Erna bemerkbar machen.

„Du", schnaufte der Erpel unüberhörbar, „was hältst du von einer kleinen Pause? Ich muss meine müden Knochen kurz ausruhen lassen."

Die Elster drehte den Kopf nach hinten und schaute ihn mit einem Blick an, der eine Mischung aus Gereiztheit und Arroganz war. „Aber es ist doch noch nicht mal 12 Uhr, Emil. Wie willst du denn dann bitte den Wettflug überstehen?" Sie grinste. „Was hältst du davon: Ich fliege schon mal vor und absolviere ein paar Flugtricks in der Luft und du fliegst in deinem Tempo weiter. Das wäre doch fair, nicht wahr?"

Der Erpel war mehr als überrascht. „Du willst mich zurücklassen? Ich dachte, wir trainieren gemeinsam." Er merkte, wie sich seine Vogelbrust ein bisschen zusammenschnürte.

„Aber du kannst doch nicht von mir erwarten, dass ich auf mein Ausdauertraining verzichte, nur damit du eine Flugbegleitung hast. Schon vergessen, Emil? Das hier ist immerhin ein Wettflug, den ich gewinnen möchte." Erna zwinkerte. „Ist ja nicht böse gemeint." Emil nickte langsam, ohne es wirklich zu bemerken. „Ja, du hast Recht. Ich möchte dich ja nicht einschränken, nur weil ich etwas länger brauche. Wir sehen uns dann am Ende der Flugstrecke, okay?"

Die Elster lächelte ihn an, winkte kurz und flog von dannen. Schon bald war sie aus dem Sichtfeld des Erpels verschwunden und drehte sich dabei kein einziges Mal nach ihrem Freund um.

Auf dem restlichen Flug, den Emil etwas langsamer hinter sich brachte, grübelte er über Ernas Meinung nach. Etwas enttäuscht war er schon. Er war schlichtweg davon ausgegangen, dass die Elster ebenso für ihn da war, wie er für sie. An dem heutigen Tag stellte der Erpel fest, dass Erna ihn eigentlich hatte hängen lassen. Klar, er wusste, dass dies kein großer Vorfall war und er auch gar nicht so viel von seiner Freundin verlangen konnte. Trotzdem schmerzte es ihn, zu erkennen, dass er mehr bereit war, für Erna da zu sein, als andersrum. Seine Gedanken um das Thema schloss er schließlich damit ab, dass er sich sagte, dass Erna von Elster es wahrscheinlich gar nicht so gemeint hatte und er sie ja wirklich nicht in ihrem Flugtraining einschränken wollte.

Jener Tag, an dem die beiden Vögel zusammen ihre Ausdauer geübt hatten, war, wie sich herausstellte, einer der wenigen Tage, an denen der Erpel tatsächlich etwas Sport für den Wettflug machte.

Den größten Teil seiner Zeit verbrachte er damit, Erledigungen für die Elster zu machen, ihre Interviews für den nächsten Tag vorzubereiten, ihr Nest zu putzen ... die Liste könnte endlos fortlaufen.

Wieso er all seine Energie und Kraft in die Sachen steckte, die Erna betrafen, verstand er auch nicht richtig. Er wusste, dass er sich ausnutzen ließ. Anders konnte man es einfach nicht mehr beschreiben. Doch die Schuld daran gab er nicht der Elster. Sie machte ja nichts falsch. Das Einzige, was sie tat, war, ihn zu fragen, ob er ihr helfen könne. Und das ist ja nichts Schlimmes, dachte sich Emil. Sie war eine Freundin, die seine Hilfe benötigte. Und er half.

Emil von Erpel bemerkte schon seit einiger Zeit, dass das Verhältnis vom Geben und Nehmen zwischen ihm und der Elster alles andere als ausgeglichen war. Je länger er darüber nachdachte, umso mehr stellte er fest, dass er seine eigenen Erledigungen und seine eigene Vorbereitung für das Wettfliegen vernachlässigte. Doch er konnte einfach nicht anders. Er war schlichtweg ein Ja-Sager und brachte es nicht über sein kleines Vogelherz, der Elster einen Korb zu geben. Lieber stellte er zurück, als sie abzulehnen.

1. AKT – DIE VORBEREITUNGEN

1. AKT – DIE VORBEREITUNGEN

Eine Zeit lang hatte er noch versucht, auch seiner Erledigungsliste nachzukommen. Doch diesen Anspruch hatte er schnell beiseitegelegt. Die Beschleunigungsschuhe für Erna zu putzen und danach noch ein kleines Muskeltraining zu durchlaufen, schaffte er einfach nicht. Und so kam es, dass Emil, im Gegensatz zu jedem anderen Teilnehmenden des alljährlichen Wettflugs, ein kleines Bäuchlein bekam und nach jeder kurzen Sporteinheit von Muskelkater statt von Kraft und Vitalität geplagt war. Das letzte Mal, dass Emil einen ganzen Tag lang flog, war, als er für die Elster im Regen die Würmer geholt hat.

Je näher der Wettflug rückte, desto unruhiger wurde der Erpel wegen seiner körperlichen Verfassung. Ihm ging es dabei weniger darum, zu verlieren, sondern vielmehr darum, überhaupt durch das Ziel zu fliegen.

So wich er eines morgens der Elster und somit den vielen Aufgaben, die auf ihn warteten, aus und flog ins nahegelegene Fitnessstudio. Es war bekannt dafür, dass dort die stärksten Vögel des Federnlandes trainierten und ihre Muskeln ordentlich zum Glühen brachten. Emil, der etwas schüchtern und unbeholfen war, wäre unter normalen Umständen niemals dorthin geflogen. Doch das Wettfliegen nahte und er wollte dieses Zauberhaus an Sportlichkeit zumindest einmal ausprobieren.

Normalerweise war der Platz vor dem Fitnessstudio immer von ein paar Vögeln gefüllt, die entweder ihr Training hinter sich gebracht hatten oder von jenen, die sich noch auspowern wollten. Doch dieses Mal schien etwas anders zu sein.

Als Emil von Erpel auf den großen Vorplatz flog, wurde ihm ganz anders. Mit so vielen Vögeln hätte er nun wirklich nicht gerechnet. Alle schnatterten wild durcheinander und schienen sich dann eher vom Eingang des Fitnessstudios weg zu bewegen. „Was ist denn hier nur los?", fragte sich der Erpel und drängte sich vorsichtig durch die Vogelmenge, um an die Eingangstür zu kommen.

„Das kann doch nicht wahr sein", hörte er andere zwitschern. „Gerade jetzt können wir nicht hier trainieren". Und dann

1. AKT – DIE VORBEREITUNGEN

entdeckten auch seine Knopfaugen das große Aushängeschild mit dem Wort „Geschlossen" an der Tür.

Der Erpel fasste es nicht und spürte, wie seine Schultern runtersackten. Da hatte er sich nun endlich überwunden, ins Fitnessstudio zu fliegen und Ernas Bitten auszuweichen, und dann konnte er noch nicht einmal hier trainieren. „Solch ein Pech", dachte er sich, warf einen letzten Blick durch ein Seitenfenster des Studios und hielt ruckartig inne in seiner Bewegung.

Hatte er sich getäuscht? Oder war da gerade eben tatsächlich Ernas Kopf zu sehen gewesen? Er rieb sich mit seinen Flügeln, so gut es ging, die Augen und schaute nochmals angestrengt und suchend durch das Seitenfenster hinein. Doch dieses Mal konnte er keine Spur von Erna finden. Nach einigen Sekunden schüttelte er seinen Kopf und trat den Rückweg an.

Er nutzte den restlichen Vormittag damit, Dehnübungen zu machen und spazieren zu fliegen. Doch leider kam er nicht ganz mit seinem Trainingsprogramm durch, denn es stellten sich Kopfschmerzen ein, die zunehmend stärker wurden.

Emil von Erpel seufzte und trat den Rückweg zu seinem Nest an. „Das kann doch nicht wahr sein", dachte er. Die Kopfschmerzen hatte der Erpel nämlich nicht zum ersten Mal. Seitdem die offizielle Trainingsphase der Vögel begonnen hatte, traten die pulsierenden Schmerzen im Kopf immer wieder auf.

Mit den Wochen, die vorübergingen, nahm dazu auch noch die Häufigkeit der Kopfschmerzen zu. Emil war ganz verzweifelt, als er eines Tages vor lauter Kopfschmerzen auf einer Sitzbank Platz nahm. Zu seinem Glück kam zufällig Wanda von Wildgans vorbei, die sein Leiden gesehen hatte und ihm helfen wollte.

Nachdem der Erpel eine Kopfschmerztablette von Wanda geschluckt hatte, erzählte er der Wildgans sein Problem mit dem Kopf.

Wanda hörte aufmerksam zu und musterte den Erpel eine Zeit lang. „Sag mal, kann das vielleicht daran liegen, dass du zu viel auf einmal erledigst und deswegen total gestresst bist?", erwiderte sie nach einer Weile. „Immer wenn ich dich sehe, beeilst du dich, irgendwelche Sachen aufzuräumen oder der Elster ihre Rucksäcke und Flugbrillen hinterher zu tragen. Ruhst du dich auch manchmal aus?"

Emil von Erpel leuchtete Wandas Vermutung direkt ein und er schüttelte traurig seinen Kopf. „Nein, dafür habe ich keine Zeit", sagte er. „Ich habe einfach zu viel um die Ohren. Aber vielen Dank für deine Hilfe, die Tablette ist meine Rettung."

Emil, der nun endlich an seinem warmen Nest angekommen war, kramte direkt eine weitere Schmerztablette raus, die ihm die Wildgans sicherheitshalber mitgegeben hatte. Nach einem großen Schluck Wasser nahm er sie ein und legte sich dann in sein Nest, nur um direkt ins große Land der Vogelträume zu sinken. Er schlief mit dem Gedanken ein, wie nett er die Wildgans fand.

Am nächsten Morgen wachte Emil von Erpel sehr früh aus seinen Träumen auf. Er hatte ganze zwölf Stunden geschlafen und geschlummert und fühlte sich gut, denn die Kopfschmerzen waren verflogen. Emil versuchte, noch einen Moment länger liegen zu bleiben und die Minuten vor dem Sonnenaufgang zu genießen, doch er konnte es nicht. In seinen noch trägen Federn und Muskeln spürte er eine innere Unruhe aufkochen, die er nicht lange ignorieren konnte. Nach einer Zeit vergeblichen Entspannens, sprang der Erpel aus seinem Nest und überlegte, was er nun in der Früh so erledigen konnte.

Nach einem ausgiebigen Gähnen und einem genüsslichen Recken entschloss er sich, den frühen Tag damit zu beginnen, durch die Innenstadt des Federnlandes zu fliegen.

Emil von Erpel beobachtete interessiert die Ladenbesitzer, wie sie ihre Türen öffneten und sich auf den neuen Arbeitstag vorbereiteten. Er merkte gar nicht, wie sich ihm sein guter Freund Kai von Kranich näherte.

1. AKT – DIE VORBEREITUNGEN

„Emil!", freute sich Kai, gab dem Erpel einen freundschaftlichen Klaps auf die Schulter und gesellte sich zu ihm hin, „Wie geht es dir?"

Der Erpel zog überrascht seine Brauen hoch und lächelte mit seinem Schnabel, soweit es eben ging. „Welch eine schöne Überraschung, Kai", schnatterte er. „Was machst du denn hier?"

Kai legte den Kopf schief und erwiderte gut gelaunt „Ich bin dabei, die Preise von Stoppuhren zu vergleichen. Das übliche also".

Der Erpel lachte auf und fühlte sich zum ersten Mal seit längerer Zeit unbeschwert. „Schön, dich zu sehen", sagte er.

„Ebenso. Was für ein Wunder, dich mal alleine, ohne Erna, anzutreffen", erwiderte der Kranich.

Emil schaute ihn an: „Ja, da hast du Recht. Es gibt zurzeit so viel zu tun und zu erledigen, ich komme kaum dazu, mich selbst auf das Wettfliegen vorzubereiten, so viele Aufgaben hat die Elster für mich." Und während der Erpel den Satz aussprach, bemerkte er, wie Kai einen besorgten Blick aufsetzte. „Was ist denn, mein guter Freund?", fragte Emil ihn.

„Ach", seufzte der Kranich, „ich mache mir Sorgen um dich." Er trat von einem langen Bein aufs andere. „Du darfst dich doch nicht vergessen. Ich habe so langsam das starke Gefühl, dass Erna dich ausnutzt. Emil, hör auf, denen etwas zu geben, die sonst nur nehmen."

Der Erpel taumelte einen großen Schritt zurück und war verdutzt über die klaren Worte von Kai. Empfand er die Freundschaft von Emil und der Elster als so ungleich? Je mehr Sekunden vergingen, desto mehr musste Emil sich eingestehen, dass der Kranich nur das ausgesprochen hatte, was der Erpel schon länger im Hinterkopf hatte.

Emil gab der Elster alles und bekam nichts dafür zurück.

2. AKT – DAS WETTFLIEGEN BEGINNT

Ob Erna von Elster, Kai von Kranich, Wanda von Wildgans oder Emil von Erpel: Sie alle waren furchtbar aufgeregt und konnten das alljährliche Wettfliegen kaum noch erwarten.

Während die Elster und die Wildgans dem Tag förmlich entgegenfieberten und sich auf den lauten Startschuss freuten, waren Kai und Emil etwas zurückhaltender.

Die beiden Freunde fanden den Wettflug natürlich auch spannend und toll, aber sie hatten auch ihre Bedenken. Was, wenn sie die Strecke nicht ganz schaffen würden? Was, wenn sie als letzter durchs Ziel kamen? Waren sie fit genug und ausreichend ausgestattet? Und dann waren da noch die ganzen Paparazzi und Zeitungen, die wie wild über die Teilnehmenden berichteten. Über manche als Königinnen und Könige der Lüfte. Und über andere als Pechvögel und Pinguine. Pinguine, weil diese ja nicht fliegen können (Vogelhumor eben).

Franz von Fasan war der Moderator des diesjährigen Events und begnadeter Entertainer und Komiker. Es gab keinen Tag, an dem Franz keinen lockeren Witz auf dem Schnabel hatte und keinen Tag, an dem er nicht herzlich in die Kamera lachte.

Von Tag zu Tag schürte er im Federnland die Vorfreude auf das Wettfliegen. Er führte unzählige Interviews mit ausgewählten Teilnehmenden, darunter heimliche Favoriten, Newcomer und Vögel mit außergewöhnlichen Trainingsmethoden. So hatte er dieses Jahr auch erhebliches Interesse, mit Emil von Erpel zu reden. Ihm war noch keiner begegnet, der sich so seltsam auf das Training vorbereitete. Wenn der Fasan ehrlich war, so verstand er Emils

Vorgehensweise noch nicht einmal. Er konnte beim besten Willen nicht ausmachen, wieso der Erpel überhaupt teilnehmen wollte. Schließlich war er nur damit beschäftigt, der Elster zu helfen.

Und so war er darauf versessen, ein Interview mit Emil zu führen. Doch es kam nie dazu.

Sobald er versuchte, den Erpel zu erreichen, traf er die Elster an. Es war, als würde sie riechen, wann Franz in der Nachbarschaft war. Und jedes Mal, wenn er nach Emil fragte, lächelte Erna gekonnt und zwitscherte in ihren höchsten Tönen: „Emil ist gerade nicht da. Kann ich dir weiterhelfen?" oder „Emil hat ausdrücklich gesagt, dass er heute mit keinem Vogel sprechen möchte. Welch ein Glück für dich, dass ich gerade Zeit habe."

Franz von Fasan freute sich natürlich, auch Interviews mit der Favoritin des diesjährigen Wettfliegens zu führen. Doch etwas schade fand er das mit dem Erpel schon. Das wäre sicherlich eine interessante Story gewesen.

Während der Fasan die Teilnehmenden aufmischte und der Presse genau das gab, was sie sehen wollte, waren die älteren Vögel des Federnlandes damit beschäftigt, die Bäume, Nester und Wege zu schmücken. Alles erstrahlte allmählich in gelben, roten, orangenen und pinken Tönen – eine Farbexplosion erster Klasse. Wo man auch hinsah, fand man viel Tüll, Beeren, Luftballons und wunderschöne Blumen.

Jemand Fremdes würde vermutlich denken, dass diese Dekoration ganz spontan und willkürlich gewählt wurde. Doch das war ein Irrtum.

So wie sich die Teilnehmenden des Wettflugs vorbereiteten, so gut organisierten sich auch die älteren Vögel. Schon Wochen und Monate vor dem großen Tag trafen sich die Damen und Herren und debattierten über alles Mögliche: Welche Farben Sinn machen, was genau dekoriert wird, wann alles aufgehängt wird und überhaupt, unter welchem Motto die diesjährige Deko stehen sollte.

2. AKT – DAS WETTFLIEGEN BEGINNT

Dieses Mal stand relativ schnell fest: Es sollte c
eines wunderschönen Sonnenuntergangs gescha
Deswegen wurden auch die warmen Farbtöne gew
eingesetzt, den man großflächig aufhängen konnte

Da das Wettfliegen nur noch wenige Tage entfernt w , war die ältere Vogelgeneration in Aufruhr. Früh morgens klingelte der Wecker und ohne Ausreden wurde sich an die Arbeit gemacht.

Dabei unterstützte man sich, wo man nur konnte. Schwächelte ein älterer Herr, so war es für seine anderen Bekannten mehr als selbstverständlich, seinen Teil mitzumachen.

Die alten Leute wussten schon, wie man es richtig macht. Es brachte nichts, nur seinen Teil erledigen zu wollen. So wurde die große Deko nie rechtzeitig und vollständig fertig. Da jeder Vogel das gleiche Ziel hatte, nämlich eine tolle Kulisse für das Wettfliegen zu schaffen und Stimmung zu verbreiten, mussten auch alle zusammenarbeiten. Und ohne gegenseitige Hilfe war das schlichtweg unmöglich.

Die alten Knochen und Federn hatten bereits alles erlebt. Damals waren auch sie geflogen und hatten um den Sieg gekämpft. Doch die meisten lernten schnell, dass Zusammenhalt einen stärker machte und man viel weniger Stress hatte. Durch den fehlenden Konkurrenzkampf und die kleinen Machtspiele hatten sie ausreichend Zeit, sich auf ihr Training zu konzentrieren. Und durch die gemeinsamen und geselligen Abende am Lagerfeuer schlossen sie viele Freundschaften. Die damals noch jungen Vögel erkannten, dass sie weniger Sorgen hatten, was bei dem Wettflug alles schief gehen könnte. Sie waren sich schließlich bewusst, dass ihnen im Notfall immer jemand helfen würde.

Um die Erkenntnis zu gewinnen, dass man zusammen stärker ist als alleine, brauchten die Vögel aber einige Zeit. Manchen war es direkt zu Beginn bewusst, so wie Wanda von Wildgans. Aber es gab auch jene, die erst egoistisch handelten und anderen misstrauten. Sie brauchten Zeit, um sich einzugestehen, dass ihr Verhalten nicht unbedingt das beste war.

und mit diesem Wissen betrachteten die älteren Vögel die Nachrichten über die diesjährigen Teilnehmenden mit anderen Augen. Für sie war Erna von Elster keine Favoritin. Mit ihrer Methode, sich alleine durchzusetzen und den anderen nichts zu gönnen, konnte sie langfristig nicht weiterkommen.

Die einen oder anderen Vogeldamen dagegen munkelten, dass Wanda vielversprechend war. Sie hatte es schlichtweg im Blut, zusammenzuarbeiten und zählte zu den Vögeln, die am besten in Form waren.

So raste die Zeit im Federnland und ein Sonnenaufgang löste den nächsten ab. Und dann war es schließlich soweit – der wichtigste Tag des Jahres, der 1. Mai, brach an.

Die Sonne war gerade am Horizont zu sehen, da wachten die ersten Vögel des Federnlandes auf. Viele hatten die Nacht zuvor wenig geschlafen – die Aufregung und Unruhe war einfach zu groß für die kleinen Körper.

Nach einer hastigen Putzroutine starteten die Vögel gen Himmel und widmeten sich ihrer Aufgabe, die sie für den großen Tag eingeplant hatten. Manche waren zuständig für den Empfang des Publikums, manche verteilten Getränke und wieder andere sorgten für eine gute und sonnige Musik.

Für diejenigen, die am Wettflug teilnahmen, stand jedoch ein anderes Programm auf dem Tisch. Sie flogen nach dem Aufwachen direkt in die Maske und ließen sich von Stylisten und Flugmodeexperten aufhübschen. Schon hier trafen sie auf die ersten Paparazzi und wurden mit Fragen bombardiert: „Wie hast du geschlafen?", „Welche Strecke werdet ihr wohl fliegen müssen?" und „Was geht nun gerade genau in dir vor?"

Und so begann der Tag auch für die vier Vögel Erna, Kai, Wanda und Emil. Alle waren mehr als pünktlich in dem Zelt für die teilnehmenden Vögel angekommen und nickten sich höflich zu. Diesmal fielen aber die wilden Gespräche, die sonst zur ganz normalen Geräuschkulisse zählten, aus. Zu angespannt waren die Vögel und so wurde sich lediglich darauf konzentriert, die

2. AKT – DAS WETTFLIEGEN BEGINNT

letzten Vorbereitungen zu durchlaufen und sich innerlich auf den Wettflug einzustellen.

Manche hatten sogar Coaches dabei, die hastig auf sie einredeten und letzte Tipps verteilten. Ab und zu klopften sie den teilnehmenden Vögeln dann auf die Flügel und nickten, um ihre kleinen Reden selber gutzuheißen.

Der Druck war an diesem Tag enorm, besonders für den Erpel. Angstschweiß bildete sich auf seiner Stirn und er fühlte sich plötzlich gar nicht gut. Emil wurde erst jetzt klar, wie schlecht seine Vorbereitungen waren und wie viel Zeit er in Erna von Elster investiert hatte. Ein kleiner Anflug von Ärger stieg in ihm auf. Er wusste, dass er ausgenutzt worden war und dass die Freundschaft zu Erna einen ungesunden Geschmack hatte. Doch er war zu gutmütig und zu liebesbedürftig, als dass er je etwas ändern würde.

Die letzten Stunden des Vormittags vergingen für das Publikum schleichend. Es konnte den Startschuss einfach nicht mehr erwarten und jubelten Stunde für Stunde lauter. Auf den vordersten Plätzen des Publikumbereichs waren die Familien und die Bekannten der teilnehmenden Vögel zu finden. Sie zwitscherten Familienlieder, riefen immer wieder Namen und spannten ab und zu ihre Flügel aus, um sich größer zu machen und ihre Spannweite zu zeigen.

Als die Sonne fast ihren Höchststand am Himmel erreichte, war es endlich so weit: Die Uhr schlug zehn vor zwölf und die Teilnehmenden erschienen auf der Bildfläche. Schnell und konzentriert schritten sie nacheinander zu ihren Startblöcken am Boden. Manche versuchten zu lächeln und ins Publikum zu blicken, doch jeder konnte die Anspannung sehen.

Besonders Kai war in seinen Gedanken gefangen. Hatte er nun an alles gedacht? Hoffentlich würde die Flugstrecke gut für ihn geeignet sein. Mit engen Wegen konnte der Kranich einfach nichts anfangen.

2. AKT – DAS WETTFLIEGEN BEGINNT

Mit seinen langen dünnen Beinen fand er sich schnell an seinem Startblock ein und beobachtete die anderen Vögel aufmerksam. Schließlich erblickte er seine Freundin Wanda. Auch ihr konnte man die Aufregung ansehen, doch sie war umringt von ihrem Freundeskreis, der sich gegenseitig Mut zuredete. Das freute Kai von Kranich sehr. Er gönnte ihr diese Unterstützung, das hatte sie sich verdient. Schließlich war sie der erste Vogel, der half, wenn jemand in Not war. Diese Erfahrung hatte er nicht nur selbst mit ihr erlebt, sondern auch oft beobachtet.

Im Federnland ertönte ein lautes Quietschen, als Franz von Fasan das Mikrofon in die Hand nahm. „Hallo zusammen und einen wunderschönen 1. Mai", durchbrach er begeistert die Stimmengeräusche. „Es ist wieder soweit. Der Tag aller Tage ist da. Der größte Tag des Jahres – der Tag des alljährlichen Wettfliegens!"

Die Vogelmenge begann zu jubeln und zu schnattern, wie sie nur konnte. Die Aufmerksamkeit aller Anwesenden lag nun bei dem Fasan. Und Franz genoss seinen großen Augenblick.

„Wie wir alle wissen, erhalte ich gleich einen verschlossenen Brief mit der diesjährigen Flugstrecke. Seid ihr schon gespannt?"

Ein lautes gemeinschaftlich „Ja" entgegnete ihm.

Und schon sah man den Schiedsrichter des Wettflugs heranfliegen, der den Brief Wochen lang bei sich getragen hatte. Voller Vorfreude auf die laute Verkündung übergab er Franz den Brief, verbeugte sich kurz vor dem Publikum und flog dann schnell wieder weg.

Sekunden vergingen und während der Fasan langsam den Briefumschlag öffnete und den Zettel mit der Flugbeschreibung auseinander faltete, war das Federnland still. Alle hielten den Atem an und starrten gespannt auf Franz' Schnabel.

„In diesem Jahr führt uns der Wettflug durch die Gebirgskette der Arren." Die Stille hielt an. „Wenn sie diese Strecke passiert haben, so gelangen sie zu einem weiten Feld mit Mohnblumen. Am Ende genau dieses Feldes finden sie dann die Ziellinie."

2. AKT – DAS WETTFLIEGEN BEGINNT

2. AKT – DAS WETTFLIEGEN BEGINNT

Die Vogelmenge brauchte einige Sekunden, um die Information zu verdauen, doch dann brach die Stille. Freudenrufe und unsichere Gespräche stießen auf und gewannen innerhalb von Sekunden an unglaublicher Stärke.

Erst das schrille Pfeifen der Sicherheitsvögel konnte den Fokus wieder auf den Fasan lenken. Dieser nickte seinen Kollegen höflich zu und drehte sich in Richtung der Teilnehmenden.

„Hat das jeder verstanden?", fragte er strahlend, während er die unterschiedlichsten Emotionen hochkochen sah. Es nickten zwar alle Vögel, doch er wusste genau, für wen diese Strecke vorteilhaft war und für wen nicht. Kai von Kranich und Erna von Elster schnarrten mit ihren Vogelbeinen und schienen sichtlich erfreut über die diesjährige Flugstrecke. Anders sah das bei den kleineren Gestalten, wie den Blaumeisen und den Rotkehlchen aus. Und auch der Erpel schien besorgt.

„Wenn dem so sei, dann frage ich euch ein letztes Mal: Seid ihr bereit für den Startschuss?", rief Franz voller Energie ins Mikrofon und riss seine Flügel in die Luft.

Ein lautes „Ja" hallte ihm entgegen und er nickte dem Schiedsrichter zu.

„Dann lasst das alljährige Wettfliegen beginnen!" Mit dieser Eröffnung feuerte der Schiedsrichter den Startschuss ab und Franz von Fasan ließ seine Flügel wieder runtersausen.

Und die Vogelmenge flog mit großen Windschlägen und lauten Rufen los.

3. AKT – EIN STURM ZIEHT AUF

Durch Misstrauen kannst du dein Potenzial und das deiner Umgebung nicht entfalten

Mit dem Startschuss und den freudigen Rufen des Publikums hoben die Vögel geschlossen vom Boden ab und starteten senkrecht in die Luft.

„Was für ein spektakulärer Start", hörte Kai den Fasan noch rufen, als er über die Wiese rannte und seine großen langen Flügel dabei mit starken Bewegungen auf und ab senke. Ganz typisch für einen Kranich brauchte Kai etwas mehr Zeit, um in die Luft zu steigen als die anderen Vögel. Doch das beeindruckte ihn in keiner Hinsicht. Im Gegenteil: Kai genoss diesen kurzen Augenblick, in dem die Augen des Publikums und die Kameras der Journalisten ihm gehörten. Er rannte zunächst langsam und elegant und freute sich insgeheim, dass er am Tag zuvor noch seine langen Beine hatte putzen lassen. Mit dem Lächeln auf dem Schnabel und dem Wissen, gerade eine sehr gute Figur abzuliefern, steigerte er sein Tempo. Die Flügelstöße wurden immer kräftiger und ehe sich Kai versah, hoben seine Füße vom Boden ab. Nun kniff er seine Augen zusammen, fixierte den Vogel, der ihm am nächsten war und schoss auf ihn zu.

Schon bald hatte er Berta von Blaumeise eingeholt und ließ mit steigendem Flugtempo auch die Buntspechte und Rotkehlchen hinter sich. Vogel um Vogel passierte der Kranich und er spürte einen Schwall von Euphorie in sich aufsteigen.

Im Nu fand er sich unter den ersten wieder und schloss für einen Moment genüsslich die Augen. Den Start hätte er nicht besser

3. AKT - EIN STURM ZIEHT AUF

hinlegen können. Und so glitt er für eine Weile über den Arren umher.

Kai konnte gar nicht sagen, wie viel Zeit vergangen war, als er hörte, wie jemand seinen Namen zwitscherte. Es war Peter von Prachtfink, der versuchte, die Aufmerksamkeit des Kranichs auf sich zu lenken.

„Kai, hör zu", rief er rüber. „Gleich kommt uns eine große Felswand entgegen. Da musst du unbedingt nach rechts fliegen, wenn du schnell weiterfliegen möchtest."

Der Kranich schaute Peter verdutzt an. Was sollte das denn jetzt, fragte er sich und erkannte im Fernen tatsächlich ein großes Gebirge auf sich zukommen. Wieso erzählte Peter ihm das? Die beiden Teilnehmer hatten vor dem Wettflug nicht viel miteinander zu tun gehabt und konnten sich nun wirklich nicht Freunde nennen.

Andererseits fiel dem Kranich der Gedanke ein, dass Peter bei einem Gruppentraining erwähnt hatte, dass er sich bei der Gebirgskette auskenne. Es könnte also gut möglich sein, dass ... Und mit einem weiteren Flügelschlag war Kai an der großen Felswand angelangt und wich ihr gerade noch rechtzeitig aus – auf die linke Seite.

Kai von Kranich ärgerte sich. Er hatte sich gar nicht bewusst für die linke Seite entschieden, er hatte einfach nur zu lange gezögert und abgewogen. Aber es nützte nun nichts mehr. Zu schnell war sein Vogelkörper, als dass er hätte abbremsen können.

Und so flog er die Felswand entlang und es dauerte nicht lange, da türmten sich weitere große Felszacken auf, die aus dem Nichts von unten erschienen oder ein Abbruch der Felswand aus längst vergangener Zeit waren. Den Kranich durchfuhr ein kleiner Schock und er schluckte schwer. Das würde für den großen Vogel ein Balanceakt schlechthin werden. Während sich Kai also durch den schmalen Flugweg an der Felswand entlang manövrierte, war er sehr gerührt von der Hilfsbereitschaft des Prachtfinken. Dass Peter ihm geholfen hatte, ohne etwas dafür zu verlangen,

3. AKT - EIN STURM ZIEHT AUF

3. AKT - EIN STURM ZIEHT AUF

war für den Kranich ein fremder Gedanke. Und so entschloss er sich eisernen Willens, Peter bei der nächsten Gelegenheit auch zu helfen. Kai wusste nun, dass er ihm vertrauen konnte.

Nach einer gewissen Zeit endete die Felswand abrupt und vor den Vögeln erstreckte sich ein weites Tal, welches umkreist war von riesigen Bergen. „Wow", dachte sich Kai von Kranich und bemerkte, wie er aus dem Staunen gar nicht mehr herauskam. Er wandte sich um die letzten Felsen herum, was bei seinen langen Flügeln und Beinen eher ungeschickt als elegant aussah, und flog dann auf die große freie Flugfläche. Sobald Kai seine Konzentration wieder gesammelt hatte, richtete er diese auf das, was nun vor ihm lag.

Da fielen ihm einige Vögel auf. Sie waren wohl, so wie Peter von Prachtfink, an der rechten Felswand vorbeigeflogen und hatten den Kranich im Nu überholt. Unter ihnen entdeckte er Peter, der ihn ebenfalls ansah. Doch anstatt ihm zuzulächeln, schüttelte Peter nur seinen kleinen Vogelkopf, zog mit einer kleinen Bewegung die Schultern zum Nacken und ließ sie direkt wieder fallen.

Der Kranich konnte die Enttäuschung förmlich greifen, so präsent war sie ihm in diesem Augenblick. Dass Peter Kais Misstrauen als Ablehnung empfunden hatte, tat dem Kranich in seinem Vogelherzen spürbar weh. Doch Kai hatte auch schon viele Situationen erlebt, in denen andere ihm nichts Gutes wollten. Die Elster war hierfür ein prädestiniertes Beispiel. So konnte er doch nicht wissen, ob der Prachtfink ihm gut gesonnen war. Jetzt, wo Peter ihm seine Gutmütigkeit gezeigt hatte, konnte der Kranich ihm auch vertrauen. Das würde er dem Prachtfinken auch schon noch beweisen.

Während die Vögel über das grüne und große Tal flogen und Kai seinen Abstand wieder aufholte, fiel ihm ein kleiner Schwarm auf.

Darunter erkannte er schnell seine Freundin Wanda von Wildgans. Er versuchte ihr zuzuwinken, doch der Flugwind war zu stark. Stattdessen konzentrierte sich der Kranich auf das Fliegen und schaffte es, die Vogelgruppe um Wanda herum zu überholen.

3. AKT - EIN STURM ZIEHT AUF

Kai konnte nicht umhin, zu lächeln. Dass er so schnell war und so weit vorne flog, damit hätte er nun wirklich nicht gerechnet.

Und während sich der Kranich noch über seinen so eindeutigen Vorteil freute, erfasste ihn von der Seite ein starker Wind. Überrascht und etwas panisch versuchte Kai sofort, seinen Körper zu stabilisieren, und einige lange Sekunden später hatte er wieder die völlige Kontrolle über Beine, Flügel und Körper. Als der Wind nachließ, war Kai bewusst, dass es sich um einen seitlichen Windstrom handelte. Besorgt drehte er seinen Kopf und schaute die Wildgans an, die gleich ebenfalls auf den Wind stoßen musste.

Alles in ihm verlangte danach, seine Freundin zu warnen. Wenn sie Pech hatte, könnte sie der Windstrom so ungünstig erfassen, dass sie viele Meter weit nach rechts getragen würde und fern ab von der Flugbahn geriet.

Doch Kai hielt sich zurück. Schließlich waren da noch andere Vögel bei der Wildgans, die er nicht vorwarnen wollte. Was würde er schließlich von ihnen bekommen? Was würde es dem Kranich nützen, den anderen Teilnehmenden zu helfen? Mit diesen Fragen beschäftigt, grübelte der Kranich wie so oft vor sich hin und verlor dabei ganz unbemerkt an Geschwindigkeit.

Sekunden vergingen. Sekunden, in denen sich der kleine Schwarm dem Windstrom näherte und in denen sich Kai dann doch entschloss, Wanda ein Zeichen zu geben. Ungeschickt versuchte er mit seinen Federn den Wind nachzuahmen und gleichzeitig die Aufmerksamkeit der Wildgans zu erlangen. Und tatsächlich, Wanda kniff die Augen zusammen und fragte sich vergeblich, was der Kranich da genau versuchte. Ein Flügelschlag, noch ein Flügelschlag und da war er, der Wind.

Kai von Kranich sah, wie die kleine Vogelgruppe von dem Wind auseinander gewürfelt wurde und wie die leichteren und kleineren Vögel zur Seite gewirbelt wurden. Zu seiner Freude war die Wildgans stark genug, um ihren Körper schnell auszubalancieren. Und Kai war erleichtert. „Super, Wanda hat es geschafft", dachte er sich.

3. AKT - EIN STURM ZIEHT AUF

Als der Kranich sich schließlich nach vorne wandte, stellte er wieder enttäuscht fest, dass er zurückgefallen war. Die Vögel, die vor wenigen Minuten neben ihm geflogen waren, sah er nun deutlich weiter vorne fliegen. Er ärgerte sich sehr über sich. Ständig stand ihm sein Misstrauen im Weg. Sei es beim Prachtfinken oder bei der Vogelgruppe. Sein ganzes Abwägen und Zweifeln sorgten dafür, dass er nicht lange zu den ersten Vögeln gehörte, sondern wieder und wieder zurückfiel. Kai war frustriert. Das ging so nicht weiter, entschied er. Auch die anderen Vögel hatten durch sein Verhalten zu oft Nachteile gezogen.

Der Kranich erkannte, dass er durch sein Misstrauen nicht nur sein Potenzial nicht entfalten konnte, sondern ebenso wenig das Potenzial seiner Umgebung.

Nimm dich und deine Bedürfnisse ernst – nur so sind du und dein Umfeld erfolgreich

Der Erpel hatte zu Beginn des Wettflugs eine ordentliche Portion Glück gehabt.

Als die schrecklich große Felswand auf die Vögel zugekommen war, entschied sich Emil für die rechte Seite und konnte so mit Leichtigkeit an dem Felsen vorbeifliegen. Er wusste, dass dies reiner Zufall war. Bei seinem eigentlichen Glück wäre er wahrscheinlich eher die schwerere Strecke geflogen. Doch an jenem Tag dachte wohl der liebe Vogelgott an ihn und daran, was der Erpel sonst so immer einstecken musste.

Aber nicht nur bei der Felswand hatte Emil einen Vorsprung ergattern können. Als sich das breite und ruhige Tal vor ihnen erstreckte, kam zur Überraschung der meisten Teilnehmer ein starker Wind von der linken Seite und warf viele Vögel nicht nur durch die Luft, sondern auch ganz aus der Flugbahn.

Emil war zwar in dem hinteren Abschnitt der Vogelmenge, doch er konnte Wanda von Wildgans beobachten. Und als ihre Flugbegleiter so zur Seite gewirbelt wurden und auch Wanda eine kurze Zeit am Straucheln war, bevor sie sich ganz hatte fangen können, wusste der Erpel, was ihn gleich erwarten würde. Er bereitete sich auf den Windstrom vor, stabilisierte sich so sehr es ging und flog in seiner vorausschauenden Art sogar etwas nach links. So würde er, selbst wenn der Wind ihn kurz packen konnte, nicht ganz nach rechts abtreiben können.

Und tatsächlich – der Erpel spürte, wie die Luft links beschleunigte und spürbar gegen ihn drückte. Doch er hatte die Situation unter Kontrolle und verlor kaum an Geschwindigkeit. Im Gegenteil, er schlug noch kräftiger mit seinen Flügeln und zog den Bauch ein, um dem Wind möglichst wenig Widerstand entgegenzubringen. Das beschleunigte sein Vorankommen ungemein und gab Emil ein tolles Gefühl.

3. AKT – EIN STURM ZIEHT AUF

Er grinste mit seinem platten Schnabel von einer Seite zur anderen und war stolz auf seine spontanen Einfälle.

Emil von Erpel schaute um sich und stellte zu seiner Überraschung fest, dass einige Vögel tatsächlich hinter ihm flogen. Viele waren es nicht, aber das interessierte den Erpel auch nicht. Viel wichtiger war es für ihn zu sehen, dass er durchaus mit den anderen mithalten konnte. Zumindest für diesen Augenblick.

„Super, super, super", rief er ins Tal hinaus und schnatterte vor sich hin. Das alles gab ihm den starken Willen, mit den anderen Teilnehmenden weiter mitzufliegen und zumindest noch für eine kleine Weile nicht überholt zu werden.

Emil von Erpel fehlte an dem ganzen Tag des Wettflugs übrigens jegliches Zeitgefühl. Die letzten Vorbereitungen im Teilnehmerzelt, die vielen Fotos vor den Kameras und der Gang zu dem Startblock, das alles hatte sich für Emil unglaublich in die Länge gestreckt. Waren es Stunden gewesen? Der Erpel hatte keine Ahnung. Er wusste nur, dass er wahnsinnig aufgeregt war und es ihm vorkam, als verginge alles wie in Zeitlupe.

Doch jetzt, als er bereits die ersten Hindernisse und Schwierigkeiten hinter sich gelassen hatte, drehte jemand schneller an der Uhr. Emil lächelte zufrieden und etwas dümmlich, aber liebenswert vor sich hin.

Er musterte die Arren, die sich zu beiden Seiten des Tals auftaten, und die hinteren Gebirgswipfel, die er nach dem Tal passieren musste. Davor hatte er schon Respekt. Doch jetzt gerade schob er die Angst und die Sorgen über die Wipfel beiseite und konzentrierte sich auf das Gefühl, wie ein Blitz durch den Himmel zu schnellen.

Dass er schon etwas schwerer atmete und das dumpfe Gefühl hatte, dieses Tempo bald nicht mehr halten zu können, begleitete ihn aber schon ein wenig. Wieso hatte er nur nicht an seine eigene Ausdauer und an sein eigenes Sportprogramm gedacht?

3. AKT - EIN STURM ZIEHT AUF

Das hätte ja nicht ständig sein müssen. Der Erpel hatte eher das Gefühl, von den Vorbereitungen erschöpft zu sein und mit weniger Kraft als sonst für ihn üblich den Wettflug zu bewältigen. Da konnte doch etwas nicht stimmen.

Schnell musste er an Erna denken. Erna von Elster, die berühmt berüchtigte Erna und ihr Talent, zu glänzen und die Beste zu sein. Egal worin. In allem. Seine Freundin hatte den eisernen Willen, zu gewinnen und andere in den Schatten zu stellen. Dann fühlte sie sich gut und dann hatte sie ihr Ziel erreicht. Emil sah schon so manchen Vogel zu Erna kommen und dann wieder schnell davonfliegen. Ihm war bewusst, dass es keiner so lange wie er mit der Elster aushielt.

Aber Emil war halt belastbar. Und so fiel ihm auf, wie viel er in den letzten Wochen hatte einstecken müssen und wie sehr er sich und seine Bedürfnisse selbst zurückgesteckt hatte.

Der Erpel musste zunehmend mehr Luft holen und merkte, wie es ihm jedes Mal etwas schwerer fiel, mit den Flügeln zu schlagen. Angestrengt schaute er nach vorne und kniff die Augen ein Stück zusammen. Braute sich da vorne etwa ein Unwetter zusammen? Das fehlte gerade noch. Dort, wo die Gipfel auf die Vögel warteten, waren die Wolken deutlich dunkler gefärbt und bildeten eine Himmelsdecke, die schwer und bedrohlich aussah. Aber Emil, der sehr gut im Verdrängen war, schob diesen Gedanken, so gut es ging, beiseite und versuchte, sich auf seine Flügelschläge zu konzentrieren.

„Um Himmelswillen", hörte Emil jemanden ganz plötzlich rufen. Er hob sein Vogelköpfchen und erkannte, wie Mike von Mauersegler an Tempo verlor und eher schlecht als recht landen musste.

Die Alarmglocken des Erpels schrillten im Nu und, ohne darüber nachzudenken, setzte er zum Sturzflug an und landete wenige Sekunden später neben Mike. Einem Vogel, mit dem Emil übrigens zuvor noch nie geredet hatte.

„Wie kann ich dir helfen?", begann Emil und seine Worte überschlugen sich in der Hektik.

3. AKT - EIN STURM ZIEHT AUF

Der Mauersegler sah ihn verdutzt an und fragte erstaunt: „Bist du jetzt nur wegen mir gelandet? Um mir zu helfen?"

Emil nickte stolz und watschelte von einem Bein aufs nächste.

„Mir ist ein Schwarm Fliegen vor die Flugbrille geflogen und jetzt ist alles verklebt davon. Ich konnte gar nichts mehr richtig sehen und bei dem Versuch, die Brille zu putzen, machte ich alles nur noch schlimmer."

In dem Wissen, schon längst ganz woanders sein zu können, betrachtete der Erpel diesen Moment als Chance, eine Pause zu machen und gleichzeitig noch ein gutes Werk zu verrichten. Und ehe sich die beiden Vögel versahen, putzten sie eifrig die Flugbrille des Mauerseglers und schafften es letztendlich, alle Fliegen zu beseitigen.

„Danke", zwitscherte Mike erleichtert und klopfte Emil auf die Schulter. „Das war toll von dir, mein Freund."

„Sag mal, kann ich etwas von deinem Wasser haben? Nur einen Schluck. Ich habe leider in dem ganzen Stress meine Trinkflasche vergessen", begann der Erpel, doch Mike unterbrach ihn schnell. „Sorry, Kumpel, aber das Wasser brauche ich später noch".

Mit einem Ruck zog er die Brille wieder über seine Augen und rief: „Aber jetzt muss ich weiter. Deine Hilfe vergesse ich dir nicht, versprochen!" Und dann flog Mike von Mauersegler in die Luft und fort war er.

Emil dagegen befand sich noch immer auf dem Boden und blickte Mike nach. „Also irgendetwas mache ich einfach falsch", murmelte er vor sich hin und schüttelte den Kopf, „Da hab' ich mal wieder jemandem geholfen und kaum bin ich fertig, da steh' ich wieder alleine irgendwo im Schlamassel."

Dem Erpel fiel es nicht leicht, wieder an Höhe zu gewinnen, doch er kämpfte sich mit aller Kraft auf seine alte Flugposition zurück.

3. AKT - EIN STURM ZIEHT AUF

„Ich bin einfach viel zu gutmütig", dachte er sich und lächelte trotzdem. Wenigstens war das eine Eigenschaft, die er an sich mochte und auch nicht verlieren wollte. Vielleicht sollte er nicht bedingungslos und zu jeder Zeit nett zu anderen sein. Doch wie Erna zu handeln, nein, das konnte er sich nicht für sich vorstellen.

Emil von Erpel straffte die Brust, auch in dem Wissen, die anderen Vögel nun erstmal nicht mehr einholen zu können. „Ich find's toll, anderen so zugewandt zu sein", sagte er laut und beschloss dabei gleichzeitig, diese Hilfsbereitschaft etwas mehr zu hinterfragen. Gerade wenn es darum ging, andere zu unterstützen und dabei selber auf etwas zu verzichten. Der Erpel nickte in Gedanken und erkannte, dass er sich und seine Bedürfnisse ernst nehmen musste. Nur so hatte er die Chance, auch erfolgreich zu sein.

Und etwas weitergedacht: Mike oder Erna oder wer auch immer nahmen zwar seine Hilfe in Anspruch, doch sie taten dies ja auch nur, weil Emil sie ihnen immer anbot. Emil sponn seine Gedanken weiter und weiter und stellte fest, dass er den anderen mit seiner Art auch nicht immer einen Gefallen tat. Schließlich war das Leben hart und Emil konnte auch nicht immer zur Stelle sein. Förderte er etwa dieses Nehmerverhalten dadurch, dass er immer nur gab?

3. AKT - EIN STURM ZIEHT AUF

Konkurrenzdenken schadet primär dir selbst

Flugwind. Das war das, wonach sich Erna sehnte, und das, was ihr gerade um den Schnabel wehte. Ihre Federn bogen sich nach hinten und bildeten dabei die perfekte Furche, um den Wind darüber schnellen zu lassen.

„Noch mehr Tempo, noch schneller" feuerte sie sich selbst in Gedanken an, rückte ihre Flugbrille gerade und schoss wie ein Pfeil durch die Luft.

Das Tal war perfekt für sie. Hier konnte sie jedem zeigen, wie schnell sie beschleunigen konnte und was für Flugkunststücke sie in Petto hatte. Doch damit wartete sie noch etwas. Schließlich wollte sie ihre Highlights nicht alle auf einmal zeigen.

Und so nahm sie sich die Zeit und dachte an die wenigen Minuten zurück, die sich gerade noch abgespielt hatten. Die Elster hatte tatsächlich beobachtet, wie Peter von Prachtfink einen dummen Fehler begangen hatte. Peter hatte dem Kranich den Tipp gegeben, wie er den Felsen gut umfliegen konnte. Da schüttelte die Elster nur den Kopf. Wie konnte man nur so blöd sein, fragte sie sich und kam aus dem Staunen gar nicht mehr raus. Zum Glück stand dem Kranich seine misstrauische Art im Weg. Doch Erna konnte nicht verstehen, wieso Peter ihm geholfen hatte, und zweifelte an Peters Willen, den Wettflug überhaupt gewinnen zu wollen. Aber was beschäftigte sie sich damit – ihr war's recht. Peter hatte an dieser Stelle sein Ass verspielt. Kai hatte dies zwar nicht genutzt, aber Erna sehr wohl. Sie war nämlich dicht hinter dem Kranich geflogen und nutzte die Information, um einen großen Vorsprung zu gewinnen.

Wieder einmal lächelte sie sich ins Fäustchen und profitierte ihrer Ansicht nach von der mangelnden Intelligenz der anderen.

„Wenn das so weiterläuft wie bisher, brauche ich mich noch nicht einmal anzustrengen, um zu gewinnen. Das kommt dann ganz von alleine", prustete die Elster los.

3. AKT – EIN STURM ZIEHT AUF

Und dann fiel ein dicker Tropfen Wasser auf ihren linken Flügel. Überrascht zuckte die Elster zusammen und schaute gen Himmel. Sie war so schnell geflogen, dass sie kurz davor war, das Tal hinter sich zu lassen und die bevorstehenden Gipfel zu umfliegen.

Vor lauter Gedanken und Belustigungen über die anderen war der Elster gar nicht aufgefallen, auf was für eine dunkle Wolkenwand sie da zugeflogen war. Ihr stockte für einen kurzen Moment der Atem und sie spürte, wie ihre kleinen Vogelaugen größer und größer wurden.

Kann das denn sein? Sie hatte doch vor dem großen Tag Emil gebeten, die Wetterlage zu überprüfen. Der Erpel hatte ihr Sonnenschein und wenig Wind prognostiziert. Und siehe da – er irrte sich wohl. Erna begann, sich sehr über Emil von Erpel zu ärgern. So schwer war die Aufgabe doch gar nicht gewesen. Erna hatte ihr Regencape extra in ihrem Nest gelassen, weil sie sich nicht mit unnötigem Gewicht beschweren wollte, und nun stand sie ohne irgendeinen Regenschutz da.

Natürlich konnte sie auch im Regen fliegen. Doch wie würden ihre Federn aussehen, wenn sie als Erste durchs Ziel flog und alle Kameras auf sie gerichtet waren? Sicherlich nicht so, wie die Elster es sich vorstellte.

Ein zweiter, ein dritter und dann noch ein Regentropfen rissen sie erneut aus ihren Grübeleien heraus. Im Nu begann sie, einen Tanz um möglichst viele Tropfen zu machen und gleichzeitig nicht an Geschwindigkeit zu verlieren. Das war gar nicht so einfach. Denn aus den anfangs wenigen Tropfen wurde schnell ein Regenschauer.

Die Regentropfen wurden nicht nur deutlich mehr und fielen nun ununterbrochen vom Himmel. Nein, sie wurden auch dicker und schwerer und machten es den Teilnehmenden des Wettflugs nahezu unmöglich, ihnen auszuweichen.

Erna von Elster schluckte schwer. Bei solchen Wetterbedingungen hatte sie gar nicht trainiert. Sie hatte Emil bei Unwetter stets losgeschickt, wenn Besorgungen anstanden.

3. AKT - EIN STURM ZIEHT AUF

Die Elster wurde zunehmend unsicherer und schaute voller Sorgen in den Himmel. Ganze Wolkenberge bauten sich über die Arren auf und grummelten mittlerweile vor sich hin.

Plötzlich schaffte es tatsächlich Tabea von Taube, Erna einzuholen. „Puh", gurrte sie der Elster entgegen, „jetzt wird es unangenehm."

Erna, die sich in weitem Abstand zu den anderen Vögeln gewähnt hatte, blickte die Taube verdattert an und überlegte blitzschnell, was sie nun sagen konnte.

„Naja", grinste sie, „hattest du den Regen nicht auf dem Schirm? Vor uns wird es noch richtig heftig werden." Sie beobachtete interessiert, wie Tabea ihre Worte aufnahm und fuhr fort. „Ich bin mir sicher, dass es blitzen und donnern wird. Und die Gipfel vorne kenne ich. Da muss man teilweise mit wilden Loopings vorbeifliegen. Ansonsten schafft man das nicht."

Die Taube schaute Erna geschockt an, „Loopings kann ich doch gar nicht", rief sie panisch. „Und vor dem Donner habe ich Angst. Oh nein, oh nein." Tabea stand die Angst auf die Stirn geschrieben und sie gurrte leiser: „Das schaffe ich nicht".

Und dann rief sie Erna von Elster zu: „Ich breche ab. Und warte am Ziel auf euch. Bei den Loopings würde ich sowieso scheitern." Mit einem Satz ließ sich Tabea von Taube in die Tiefe fallen und Erna konnte gerade noch beobachten, wie sie am Rande des Tals landete. Tabea winkte mit ihren Flügeln in die Kamera und signalisierte somit, dass sie ihren Flug abgebrochen hatte.

Erna dagegen prustete laut los und konnte sich vor lauter Lachen nicht halten. Loopings? Wirklich? Wer flog denn bitte mit Loopings um Felsen und Gipfel rum? Sowas konnte auch nur die Taube glauben. „Ihr Pech", dachte sich die Elster und freute sich, dass sie Tabea von Taube als Konkurrentin nun so schnell wieder losgeworden war.

3. AKT - EIN STURM ZIEHT AUF

3. AKT - EIN STURM ZIEHT AUF

Dass die Kameras der Fernsehsender genau den Moment eingefangen hatten, in dem Erna Tabea anlog und über ihr anschließendes Abbrechen sogar noch laut lachte, wusste Erna nicht. Doch Erna von Elster erfuhr es über den Lautsprecher in ihrem Ohr, der sie mit dem Moderator verband.

„Das kann doch nicht wahr sein", rief der Fasan dramatisch. „Die Elster hat geschwindelt und Tabea angelogen. Ob man jetzt noch von einem fairen Wettfliegen reden kann? Ich weiß es nicht, mein liebes Publikum."

Und mit einem Ruck schien das Blut in Erna zu gefrieren. Sie riss ihre Augen auf und, ohne darüber nachzudenken, bremste sie ihr Tempo stark ab. Dass sie bei ihrer Lüge mit der Taube beobachtet werden konnte, daran hatte sie gar nicht gedacht.

Erna wurde schwindelig und sie realisierte, dass sie ihrem höflichen und leistungsstarken Image gerade sehr geschadet hatte.

„Doch was sehen wir jetzt?", fragte Franz von Fasan in den Lautsprecher hinein. „Wird der Elster etwa bewusst, was sie da getan hat?" Erna hörte ein kurzes lautes Lachen. „Was meinen Sie?", rief er freudig und gespannt.

Die Elster wusste, dass nun alle Vogelaugen des Federnlandes auf sie gerichtet waren. Langsam begann sie wieder, etwas Geschwindigkeit aufzubauen und beobachtete, wie einige der anderen Teilnehmenden wie in Zeitlupe an ihr vorbeiflogen.

Sie wusste gar nicht, was mit ihr los war. Die Flügel schlugen nicht mehr so stark, wie sie es wollte, und sie verlor plötzlich all ihre Energie. Erna fühlte sich auf frischer Tat ertappt – schließlich war sie das ja auch.

Und so dachte sie an all die Reaktionen, die die Vögel des Federnlandes wohl zeigten. Kopfschütteln, schlechtes Gerede und wahrscheinlich das eine oder andere geschockte Gesicht. Die Fantasie der Elster malte ihr die wildesten Szenarien aus und ließ sie über eine längere Weile gar nicht mehr richtig am

3. AKT - EIN STURM ZIEHT AUF

Wettflug teilnehmen. Zu versunken war sie in ihren Vorstellungen über das Publikum.

Nach einigen Sekunden oder Minuten - Erna hatte jegliches Zeitgefühl verloren - gelang es ihr, sich von ihren Gedanken loszureißen und wieder einen klaren Blick auf die Flugstrecke zu gewinnen. Sie atmete einmal tief ein, straffte ihren Körper und fing dann an, einen kleinen Flugsprint hinzulegen.

„Ich darf mich davon nicht zu sehr ablenken lassen", dachte sie sich und versuchte, fest entschlossenen Blickes die vorderen Vögel wieder einzuholen.

Doch Erna wurde bald bewusst, dass das gar nicht mehr so einfach war. Die anderen Vögel hatten mittlerweile einen so deutlichen Vorsprung gewonnen, dass ein Einholen kaum noch möglich war. Die Elster realisierte wütend und enttäuscht, dass sie das diesjährige Wettfliegen sehr wahrscheinlich nicht mehr gewinnen konnte.

Mit einem lauten Seufzen hörte sie Franz von Fasan sagen: „Da sieht man, liebes Publikum, dass Konkurrenzdenken einem primär selber schaden kann." Mit solchen Worten und dieser harten Ehrlichkeit hätte Erna von Elster nicht gerechnet.

Sei nicht nachtragend, keiner ist perfekt

Um sie herum war ein freudiges Zwitschern und Schnattern. Wanda von Wildgans war umgeben von ihrem Freundeskreis und hatte weniger als alle anderen das Gefühl, gerade ein Wettfliegen zu fliegen.

Ganz im Gegenteil: Die gute und vertrauensvolle Stimmung unter den Vögeln schaffte eine Atmosphäre, die angenehm war und eher an Teamarbeit als an einen rauen Wettkampf erinnerte.

Das Publikum beobachtete fasziniert, wie Wanda und die anderen sich gegenseitig unterstützten und anspornten. „So etwas haben wir noch nie gesehen", säuselte Franz in sein Mikrofon. „Hier scheint sich ein kleiner Schwarm gebildet zu haben. Ganz clever, um den Sturm gut zu überstehen."

Die kleiner Vogelgruppe freute sich über die Worte des Fasans und jubelte so sehr sie konnte.

Wanda hatte zu Beginn des Wettflugs den anderen Teilnehmenden gezeigt, wie Wildgänse für gewöhnlich zusammenflogen. Sie bildeten eine Formation, die einem umgekehrten V ähnelte und flogen dann in dem Windschatten der anderen. Eine Flugart, die sinnvoll und effizient war.

Gerade noch war Ronja von Rotkehlchen vorne an der Flugspitze. Ihr eiserner Wille ließ sie wie wild mit den Flügeln schlagen und den Schwarm anführen. Doch die anderen halfen ihr, wo sie nur konnten. Sie feuerten Ronja an und zwitscherten und motivierten sich gegenseitig. Es entstand eine Teamdynamik, wie sie zuvor noch nicht gesehen wurde.

„Na los, Ronja, weiter so", rief der Fink, doch Ronja merkte, wie die Kraft aus ihrem kleinen Vogelkörper nach und nach schwand. Sie entschloss sich, ein letztes Mal zu beschleunigen und schaute dann die Wildgans an. „Wanda, möchtest du übernehmen?", rief das Rotkehlchen rüber.

3. AKT - EIN STURM ZIEHT AUF

Wanda nickte schnell, schnatterte ihr anerkennend zu und tauschte dann in einer rotierenden Bewegung mit Ronja den Flugplatz. Jetzt war sie an der Reihe. Wanda spürte, wie der Wind ihr durch die Federn wehte und wie der Ehrgeiz in ihr hochstieg, die Gruppe gut anzuführen.

Die Vögel waren von dem Regen schon ganz nass geworden. Doch gerade das durfte sie nicht langsamer machen. Die Wildgans warf sich mit aller Kraft nach vorne und begann, in die Höhe zu fliegen, dicht gefolgt von ihren Vogelfreunden. Und so gelang es der kleinen Gruppe, den ersten Gipfel zu passieren. „Super", hörte sie jemanden zwitschern. „Wir sind gut in der Zeit", ergänzte ein zweiter Vogel. „Wanda, du fliegst spitze."

Die Wildgans freute sich sehr und war mehr denn je motiviert, die Flugstrecke schnell entlang zu fliegen. Ob sie der Wettflug stresste? Sicherlich. Aber in keiner unangenehmen Art und Weise. Natürlich durchfuhr die Wildgans Adrenalin und sie war aufgeregt und angespannt. Doch dieses Gefühl schien sie zu genießen. Es war eine Aufgeregtheit, die ihr gefiel und die es ihr ermöglichte, aufmerksam zu sein. Die Angst, gewissen Hindernissen zu begegnen oder keine gute Flugzeit zu absolvieren, hatte Wanda dank ihres Freundeskreises schon in der Vorbereitungszeit verloren.

Stattdessen hatte sie den Kopf frei, um schnell zu fliegen und gute Entscheidungen zu treffen. „Der nächste Gipfel ist zu hoch", rief sie nach hinten. „Wir werden nach rechts ausweichen müssen."

Kaum ausgesprochen, stimmten ihr die anderen zu und bestärkten sie in ihrem Vorhaben. Wie eine große Einheit folgten ihr die Vögel in die Rechtskurve und umrundeten so elegant den Gipfel. Dass das Wettfliegen Wanda von Wildgans so viel Spaß machen würde, hatte sie nicht erwartet.

Plötzlich meldete sich eine leisere Vogelstimme zu Wort. „Es tut mir leid", hörte Wanda das Rotkehlchen zwitschern. „Ich war doch in unserer Gruppe dafür zuständig, das Wetter im Auge zu behalten. Und dass es so stark regnet und stürmt, das hatte ich einfach nicht auf dem Schirm. Das Wetter habe ich wohl nicht ernst genug genommen." Ronja schaute die anderen mit großen Augen an.

„Ach du", erwiderte der Fink, „mach dir nichts draus. Das kann jedem mal passieren."

„Genau", rief Wanda nach hinten. „Auf welchen Nachrichtenseiten hast du die Wetterprognosen denn verfolgt?"

Ronja von Rotkehlchen überlegte einen Moment und antwortete dann: „Eigentlich habe ich mich nur auf den Wetterfrosch verlassen."

„Da haben wir es, Ronja", meldete sich ein weiterer Vogel zu Wort. „Wahrscheinlich wäre es besser gewesen, sich mehrere Quellen anzuschauen."

Die Vögel schauten sich an und nickten. „Ja, das ergibt Sinn", stimmten sie ein und freuten sich, auf diese gute Idee gekommen zu sein.

Ronja von Rotkehlchen fiel ein Stein vom Herzen. Eigentlich hatte sie damit gerechnet, dass die anderen Vögel sauer auf sie sein würden. Doch im Gegenteil: Gemeinsam hatten sie sogar erkannt, wie man es bei der nächsten Wettererkundung besser machen könnte.

Und auch Wanda freute der Umgang mit Ronjas Entschuldigung sehr. Fehler nicht zu dramatisieren und jemanden nicht direkt an den Pranger zu stellen, das konnten nicht viele. Doch zu überlegen, wie man es das nächste Mal besser machen und was man aus dieser Situation lernen kann, das war, so dachte die Wildgans, eine wahre Kunst.

Der kleine, aber schnelle Schwarm durchquerte flink und dicht aneinander fliegend die Gipfel.

Und als fast zwei Drittel des Wettflugs geschafft waren, setzte ein Wind ein, der einem Sturm gleichkam. Wie wild pusteten Windböen von links nach rechts und forderten die Teilnehmenden in

3. AKT – EIN STURM ZIEHT AUF

ihrem körperlichen Durchhaltevermögen. Mit vollem Körpereinsatz versuchten sie in der wilden Luft die Balance zu halten und nicht die Orientierung zu verlieren.

Jene Vögel, die eine Flugbrille mit sich trugen, waren hier deutlich im Vorteil. Die Brille schützte ihre Augen vor dem peitschenden Wind und ermöglichten es ihnen, alles gut im Blick zu haben.

Auch Wanda hatte ihre geliebte Flugbrille aufgesetzt, die ihr einst ihre Großmutter geschenkt hatte. Eine Brille, die grünlich schimmerte und ihr die volle Sichtmöglichkeit bot. Doch da sie in die Jahre gekommen und bereits an einigen Stellen repariert worden war, wunderte es die Wildgans nicht, als die Flugbrille bei dem vielen Wind direkt in der Mitte durchbrach. Mit einem lauten Knacken zersprangen die beiden Brillengläser und fielen von Wandas Schnabel direkt in die Tiefen der Arren.

Die Wildgans fand den Verlust der Brille zunächst wenig schlimm. Doch sie unterschätzte den Wind, der mit einem Mal gegen ihr Gesicht peitschte und ihre Augen zum Tränen brachte.

„Freunde", schnatterte sie überfordert. „Ich kann nichts sehen. Helft mir."

Kaum hatte sie zu Ende geredet, da riefen die Vögel laut in die Runde rein und schnell fand sich der Fink, der glücklicherweise eine Ersatzbrille bei sich trug und direkt nach vorne zur Wildgans flog.

„Nimm meine, Wanda", sagte er und streckte ihr die Brille entgegen. Die Wildgans schien sichtlich erleichtert und streifte sich schnell die etwas lockere, aber effektive Flugbrille über. Sofort entspannte sich Wanda von Wildgans und sie stieß einen tiefen Seufzer aus. „Viel besser", wandte sie sich zum Finken und dankte ihm überschwänglich.

„Du weißt, dass du auf uns zählen kannst", erwiderte er und flog im Nu auf seine alte Position zurück.

3. AKT - EIN STURM ZIEHT AUF

Wanda von Wildgans wandte sich wieder nach vorne und konnte ihr breites Lächeln nicht abstreifen. Zu sehr berührte sie die Hilfsbereitschaft und Unterstützung der anderen. Hätte der Fink ihr nicht geholfen, so hätte sie nicht weiterfliegen können.

In dem Schleier von Glücksgefühlen und Enthusiasmus gefangen, manövrierte die Wildgans ihren Schwarm weiter durch die Gipfel, die wie Säulen aus der Tiefe hervorragten.

So flog die Vogelgruppe mit der Wildgans zusammen über die Arren und bemerkte fast nicht Erna von Elster, die mit einem deutlichen Abstand hinten flog. „Wanda, Wanda", brüllte sie erschöpft, während der Wind fast ihre Stimme verschluckte. „Kannst du mir einen von deinen Power-Drinks zuwerfen?"

Die Wildgans zog erstaunt die Augenbrauen hoch und amüsierte sich über die Tatsache, dass Erna von ihrem persönlichen Vorrat wusste. Aber dann blickte sie nach hinten und sah der Elster direkt in die Augen. Sie waren gekennzeichnet von Müdigkeit und Erschöpfung und lösten in der Wildgans einen Schwall von Mitleid aus.

„Natürlich", rief Wanda Erna zu und warf mit einem Ruck eine Flasche ihres wertvollen Proviants nach hinten.

Mit einem schwankenden Griff gelang es der Elster, den Power-Drink zu fangen und sie seufzte erleichtert. „Tausend Dank, Wanda", antwortete sie und wusste, dass die Wildgans ihr eine unglaublich schöne Geste entgegengebracht hatte. Mit dieser Hilfsbereitschaft hatte Erna von Elster nicht gerechnet.

Wanda hatte Erna geholfen, obwohl ihre Gutmütigkeit bei der Verteilung der Power-Drinks zuvor von ihr ausgenutzt worden war. Doch die Wildgans war kein Vogel, der nachtragend war. Nein, sie war der Meinung, dass jeder eine zweite Chance verdient hatte. Schließlich machte jeder mal Fehler.

Und so folgte Wanda von Wildgans ihrem Herzen und half der Elster, sich zu stärken.

4. AKT – DAS ZIEL NAHT

Der Sturm tobte und tauchte die Teilnehmenden des diesjährigen Wettflugs in eine dramatisch aussehende Kulisse ein.

Die dunklen Wolken türmten sich zu riesigen grauen Säulen auf und, während die Vögel nacheinander die vielen Gipfel umflogen, regnete es in Strömen. Nein, mit so einem starken Unwetter hatte wirklich keiner im Federnland gerechnet.

Besonders nicht die diesjährigen Teilnehmenden. Weder Emil von Erpel noch das Rotkehlchen hatten bei ihren Wetterrecherchen versagt. Nein, dass es am heutigen Tag so unangenehm wurde, das hatten noch nicht einmal die Wetterexperten gewusst.

Und so kam es, dass ganz unterschiedlich mit dem Wetter umgegangen wurde. Jene Vögel, die sich gut vorbereitet hatten und für jede Eventualität gewappnet sein wollten, profitierten nun von ihrer Art. Sie zogen ihr Regencape über oder setzten Flugbrillen auf, die mit kleinen Scheibenwischern versehen waren. Natürlich fand man Kai von Kranich unter ihnen. Mit einer Ausstattung, die vorbildhaft war, schoss er durch den Himmel und flog mit einer Geschwindigkeit die Flugstrecke entlang, als wäre es der schönste Sonnenschein.

Andere dagegen hatten nicht so viel Glück. Diejenigen, die keine Flugbrille mitgenommen hatten, fielen mit einem deutlichen Abstand nach hinten. Vor lauter Regen und Wind schafften sie es einfach nicht, zu erkennen, was vor ihnen lag, und so waren sie gezwungen, sich in einem langsamen Tempo voranzutasten.

Ärgerlich war das allemal – doch mit diesen Tücken musste man beim Wettflug einfach rechnen. Gewisse Vögel hatten Glück und manche eben nicht. Das hing nicht nur von der jeweiligen

4. AKT – DAS ZIEL NAHT

Flugstrecke ab. Ob sie ländlich, eng, hoch oder verzwickt war. Sondern auch vom Wetter, von der Meinung des Publikums, von der eigenen Flugausstattung und ab und zu sogar von dem Moderator, der einen motivieren oder auch entmutigen konnte. Je nachdem, was er da ins Mikrofon zwitscherte.

Und so kam es, dass sich die Vögel quer auf der Flugbahn verteilten und sich manchmal sogar aus den Augen verloren, so stark war der Abstand zwischen ihnen geworden.

Das Publikum verfolgte gebannt, wie sich die Teilnehmenden schlugen, und fieberte für ihre Lieblingsvögel mit vollem Einsatz mit. Einige Vogeldamen fielen sogar in Ohnmacht, als Peter von Prachtfink in die Kamera lächelte.

Egal, wo man im Federnland auch hinging – überall liefen die Fernseher und übertrugen live und in Farbe das aktuelle Geschehen. Die Bars und Kneipen der Vögel nahmen beim alljährlichen Wettflug jedes Jahr aufs Neue am meisten ein. Es wurde getrunken und gefeiert. Was waren da schon ein paar Vogeleuro? Und so schaute keiner am heutigen Tag auf die Getränkepreise.

Stattdessen wurde gewettet, wer als nächstes aus dem Wettfliegen aussteigen würde, welcher als Erstes durchs Ziel flog oder welche Flugzeit gewisse Vögel absolvieren würden. Es ging zu wie auf einem typisch türkischen Basar.

Begleitet wurden diese Festlichkeiten von fröhlicher Musik, die aus jedem Lautsprecher ertönte und zu der manch angeheiterte Vögel tatsächlich auch tanzten und balzten.

Gut gelaunt und glücklich vom Treiben im Federnland saß Alt und Jung zusammen und ließ sich vom Bann des Wettflugs einnehmen.

Der Tag des Wettflugs bedeutete auch, dass es der Tag des Fasans war. Franz gewann mit seiner Moderatorenrolle einen unglaublichen Karriereschub und sah die Moderation des Geschehens als seine kleine Lebensaufgabe an. Das war Grund genug, wieso Franz von Fasan auch heute wieder alles gab. Er redete ununterbrochen und war in jedem Fernseher unten rechts zu sehen. Nicht nur die Frisur saß wie gemalt, auch die Wortwahl und die Redeart waren wie aus einem Bilderbuch. So feuerte er die Teilnehmenden an, den Sturm zu überstehen, und dokumentierte jedes noch so kleine Ereignis, das sich in den Arren abspielte.

Mittlerweile befand sich Franz auch nicht mehr am Startblock, sondern wartete schon mit einer ausgewählten Vogelmenge am offiziellen Ziel. Dieses war direkt hinter den Arren und nach dem rot blühenden Mohnfeld und durch die Berge abgeschirmt von jeglichem Regen und Wind. Was sich gerade bei den Vögeln abspielte, davon kriegte hier keiner etwas mit. Die Ziellinie war unberührt von Kälte und Chaos und erschien wie ein ruhiger, friedvoller Ort.

Die Sonne schien sich währenddessen mit ihrer Wärme und dem vielen Licht zum Boden zu recken und sorgte für ein frühlingshaftes Bild.

Kameras und Journalisten positionierten sich gerade am Ende der abgesteckten Flugstrecke, als Franz von Fasan seine Stimme hob.

„Alle Achtung, mein liebes Publikum. Es scheint so, als würden die ersten Vögel nicht mehr lange auf sich warten lassen." Mit einem Jubeln des Publikums erschien hinter den letzten Gipfeln der Arren einige schwarze Punkte am Himmel. Es konnte nur die Wildgans mit den anderen sein.

Und tatsächlich. Durch den Zoom einer Kamera konnte man die kleine Vogelgruppe ausfindig machen, die in Windeseile auf die Ziellinie zuflog. Nach wenigen Minuten hörte das Publikum das laute Schnattern und Zwitschern des Schwarms, der sich so gegenseitig anfeuerte und für die letzten Meter motivierte.

„Was für ein Teamgeist", rief der Fasan, der seine Überraschung über das gemeinsame Fliegen kaum zurückhalten konnte. „Wer hätte das gedacht? Statt sich gegenseitig abzuwimmeln und die Ziellinie für sich alleine anzuvisieren, bleibt der Schwarm zusammen." Das Publikum tobte.

Wanda hörte währenddessen ihr eigenes kleines Vogelherz rasen. So aufgeregt und nervös war sie auf den letzten Metern. Dass das Ziel plötzlich so greifbar war und die Vögel des Federnlandes so feierten, kam der Wildgans vor wie im Traum.

„Wir schaffen das", feuerte sie die anderen an, die daraufhin erneut zu jubeln begannen.

Und mit einem lauten Auftritt flogen die Gewinner und Gewinnerinnen des Wettflugs durchs Ziel, angeführt von Wanda von Wildgans. Laute Hupen ertönten und Konfetti wurden in die Menge geschossen.

„Und der diesjährige erste Platz steht fest", rief Franz von Fasan. „Es sind Wanda und ihr Team!"

Der kleine Vogelschwarm kam endlich zum Landen und fiel sich direkt in die Arme. Die Vögel waren sich gegenseitig so dankbar für die Unterstützung und den Zusammenhalt, den sie aufgebracht hatten. „Das haben wir toll gemacht", zwitscherte der Fink und sagte: „Wir sind ein super Team!" Die anderen stimmten direkt ein und lachten sich voller Glück und Freude an.

Und nach und nach flogen weitere Teilnehmende, tief durchnässt und frierend über die Zielgerade. Mit jedem neuen Vogel, der endlich angekommen war, fing das Publikum an zu feiern. Die Freude, die nun im Federnland losgetreten wurde, war zutiefst ergreifend.

Kai von Kranich und Erna hatten es mittlerweile auch über die letzten Gipfel geschafft und flogen nun in einer sturzflugartigen Weise die Vogelmenge an, die unten am Boden auf sie wartete. Zunächst sahen sich die beiden Vögel gar nicht und wähnten sich in Sicherheit, der nächste zu sein, der durchs Ziel flog.

Doch je näher sie der Zielgeraden kamen, desto mehr rückten sie ins Sichtfeld des jeweils anderen.

4. AKT – DAS ZIEL NAHT

4. AKT – DAS ZIEL NAHT

Erna erkannte den Kranich eher und fing schnell an, ihn mit ihren Flugschuhen abzuwerfen. „Hey, was soll das?", rief Kai entrüstet und konnte gerade noch rechtzeitig ausweichen.

Die Elster lachte. „Dir überlasse ich den Vortritt auf keinen Fall."

Die letzten Meter entwickelten sich für die beiden Vögel zu einem wahren Duell, welches keiner verlieren wollte.

Gespannt verfolgten auch die Vögel des Federnlandes den kleinen Wettflug, der sich kurz vorm Ziel abspielte. Die Gespräche waren mittlerweile verstummt und keiner wagte es, die Stille zu durchbrechen. Ungewöhnlicherweise war sogar der Fasan mucksmäuschenstill.

Kai kniff seine Augen zusammen, schlug die letzten Male so stark er konnte mit seinen langen Flügeln und beschleunigte auf seine Höchstgeschwindigkeit. Aber auch die Elster hatte ein Tempo drauf, welches einen staunen ließ. Und so kam es, dass tatsächlich beide Vögel gleichzeitig über die Ziellinie flogen.

Es dauerte einige Sekunden, bis der erste Vogel dieses Ereignis realisierte und die Stille mit seinem Ruf durchbrach. Kai und Erna landeten nebeneinander und schauten sich schwer atmend an. „Das gibt es doch nicht", schnaufte die Elster und schaute Franz an, als hätte er gerade Chinesisch geredet.

Doch der Fasan, ganz ungerührt von Ernas Ungläubigkeit, rief in die Menge: „Kaum zu glauben, aber wahr: Kai und Erna sind genau gleichzeitig durchs Ziel geflogen und bilden dazu auch noch genau die Hälfte der Teilnehmenden ab, die jetzt durchs Ziel geflogen sind."

Und mit den Worten des Fasans, die wieder und wieder die Ankunft eines weiteren Vogels bekundeten, verging die Zeit wie im Flug. Die Sonne, die bei der Wildgans noch so weit oben stand, tauchte den Himmel mittlerweile in ein pink und rot gefärbtes Spektakel. Danach folgten orangene und dunkelrote Farbtöne, die sich ausbreiteten und langsam das Ende des Sonnenuntergangs ankündigten.

4. AKT – DAS ZIEL NAHT

Die Vögel, die jetzt noch durchs Ziel flogen, waren erschöpft und langsam und ließen darauf schließen, dass nicht mehr viele Vögel folgen würden. Als die 99. Teilnehmerin die Zielgerade überquerte, war der Himmel fast vollständig verdunkelt.

„Super, Berta", lobte Franz von Fasan die Blaumeise, die nach ihrem Landen sofort von ihrer Familie begrüßt wurde. „Und damit haben wir es fast geschafft", ergänzte Franz und gähnte herzhaft zur Seite.

„Meine Flugliste sagt mir, dass jetzt noch genau ein Vogel fehlt – und zwar ist es Emil von Erpel."

Einige Kilometer entfernt gab der Erpel alles. Jetzt war es offiziell: Emil war tatsächlich der letzte Vogel, der durchs Ziels fliegen würde. Franz hatte es gerade eben verkündet.

Was wohl das Publikum von ihm hielt? Unwichtig, dachte sich der Erpel – und stellte erstaunt fest, dass es ihm zum ersten Mal seit einer sehr langen Zeit tatsächlich relativ egal war. Mochte ihn das Publikum oder wurde sich über ihn lustig gemacht? Der Erpel wusste nur, dass dies gerade keinerlei Bedeutung hatte. Für ihn war es wichtig, durchs Ziel zu fliegen. Anzukommen. Und den Wettflug zu meistern.

Dieses Gefühl, sich selbst ernst zu nehmen und seine Kräfte auf sich zu richten, war für Emil eine ganz neue Erfahrung. Eine Erfahrung, die ihm, wie sich herausstellte, die so wichtige, letzte Energie gab.

Der Erpel biss die Zähne zusammen und kämpfte sich Meter um Meter weiter. Vor ihm türmte sich der letzte Gipfel auf. Ein unglaublich starker Wille durchströmte ihn. Ein Wille, endlich an sich zu glauben und sich selbst anzufeuern. Das Publikum beobachtete überrascht und erstaunt, wie Emil von Erpel einmal an Geschwindigkeit gewann und wie er schließlich das letzte Hindernis der Arren meisterte.

4. AKT – DAS ZIEL NAHT

„Der Wahnsinn", rief Franz von Fasan in sein Mikrofon. „Emil ist tatsächlich in Sichtweite. Kaum zu glauben, wie sich der Erpel die letzten Meter durchbeißt."

Eine kurze Stille legte sich über das Federnland, als alle ganz gebannt zusahen, wie der letzte, zuvor verloren gegangene Teilnehmer sich dem Ziel näherte.

Und dann geschah etwas, womit keiner gerechnet hatte. Wanda und ihre Freunde schnappten sich blitzschnell das Mikrofon des Fasans und begannen, Emil anzufeuern. „Du schaffst das", riefen sie. „Schneller, das machst du toll". Und während Franz nicht wusste, wie ihm geschah, versammelten sich mehr und mehr Vögel hinter der Wildgans und schnatterten wie wild drauf los.

Emil von Erpel liefen ganz plötzlich Tränen herunter, so gerührt war er von der Unterstützung, die er bekam. Mit einem gigantischen Wow-Gefühl entdeckte er die Zielgerade, an der unglaublich viele Vögel auf ihn warteten. Und er gab alles. Alle Reserven, alle letzten Kräfte steckte er in seine Flügelschläge. Und dann durchquerte er die Ziellinie.

4. AKT - DAS ZIEL NAHT

5. AKT – DER WANDEL

Eine ganze Woche war vergangen seit dem alljährlichen Wettflug und die zuvor angespannten und konzentrierten Vögel flogen nun so gelassen wie lange nicht mehr durch das Federnland.

Während sich die Jungvögel nach dem großen Ereignis zurücklehnten und sich endlich wieder richtig ausruhen konnten, liefen die Aufräumarbeiten auf Hochtouren. So war ein reges Treiben an Vögeln zu sehen, die sorgfältig den Tüll zusammenfalteten und die exotischen Blumen zu großen Blumensträußen banden. Fahnen und Flugblätter wurden eingesammelt und die eigens für den Wettflug aufgebauten Trainingsstationen wieder abgebaut.

Und während hin und her geflogen wurde, tauschten sich die Vögel angeregt über den Wettflug aus. Viele hatten zuvor auf gewisse Teilnehmende gewettet und besonders Erna von Elster galt als Favoritin. Dass die Ereignisse am großen Tag nun ganz anders ablaufen würden, damit hatten die wenigsten gerechnet.

Durch das laute Schnattern und Zwitschern konnte der eine oder andere vorbeifliegende Vogel Sachen hören wie „Konkurrenzdenken ist wohl doch nicht die Lösung" und „Wie konnte die Elster nur Tabea so anlügen".

Einzig und allein die älteren Vögel setzten sich genüsslich auf die von der Sonne gewärmten Äste und lauschten amüsiert den wildesten Gesprächen. Für sie war der Ausgang des Wettbewerbs gar nicht so verwunderlich.

Anton von Adler war auch dabei und raunte zu seinen Bekannten: „So musste es doch kommen. Natürlich ist ein egoistisches Vorgehen ohne Rücksicht auf die Verluste anderer manchmal erfolgreich. Aber wiederholt sich so ein Verhalten, so ist es doch ganz logisch, dass man sich damit selber ausschließt." Die anderen Vögel zwitscherten dem Adler zustimmend zu.

„Du hast Recht", fuhr Elisa von Eule fort. „Und so eine lange und anstrengende Strecke schafft man alleine viel schwerer als in einem Team. Wanda und ihre Freunde haben es intuitiv richtig gemacht. Sie haben sich dann geholfen, wenn der andere nicht mehr konnte, und nutzten die Kraft der Flugformation, die für die Wildgänse so bekannt ist."

Antons Augen strahlten. „Weißt du noch, Elisa, wie wir damals geflogen sind?", er schaute in die Runde der älteren Herrschaften. „Bei uns war es ganz ähnlich. Natürlich kommen Vögel wie die Elster immer mal wieder als erste an der Ziellinie an. Wen verwundert das? Mit so einer kalkulierten Art rechnet ja nicht jeder direkt. Aber unter dem Strich haben viel öfter jene Vögel gesiegt, die sich auch gut mit den anderen verstanden haben, ohne groß auf ihre Bedürfnisse zu verzichten."

Die kleine Gruppe an Vögeln lachte und tauschte sich bis zur Dämmerung weiter über ihre alten Weisheiten zur Zusammenarbeit aus.

Die fröhlichen und feierlichen Gedanken des Federnlandes zum Wettflug blieben nicht unausgesprochen: Fernsehshows und Radiosender berichteten in aller Ausführlichkeit über die Ereignisse des Flugs. Angefangen von Kai von Kranich, der einen spektakulären Start hingelegt hatte, über Peter von Prachtfink, der selbstlos sein Wissen über die Arren preisgab, bis hin zu der List von der Elster gegenüber Tabea von Taube.

Auch über Emil von Erpel wurde berichtet und wie er in seiner gutmütigen Art dem Mauersegler in seiner Not geholfen hatte. Er wurde, entgegen seiner Befürchtungen, nicht ausgelacht und klein geredet. Im Gegenteil: Der Erpel war zwar der eindeutige Verlierer des Wettflugs, jedoch insgeheim der Gewinner der Herzen. Fast jeder Vogel hatte Emil angefeuert, nachdem dieser von Mike hängen gelassen wurde. Statt ihn wegen seiner schlechten Flugvorbereitungen mit gehobenem Schnabel abzutun, wurde er in seiner tollpatschigen Flugart beobachtet und in jeglichen Bars angefeuert. Dass Emil nicht abgebrochen hatte, obwohl ihm die letzten Stunden so zu schaffen gemacht hatten, bescherte ihm viel Anerkennung. Sein eiserner Wille trieb ihn zuletzt über das wunderschöne, rote Mohnfeld und schließlich über die Zielgerade.

Franz von Fasan, der vor dem Wettflug vergeblich versucht hatte, Emil zu interviewen, ließ sich die Chance kein zweites Mal nehmen. Und so suchte er den Erpel eines Tages vor seinem Nest auf. Das erste Mal gelang es der Kamera, Emil ohne die Elster einzufangen. Emil von Erpel watschelte alleine über eine frühlingshaft blühende Wiese und schnatterte leise vor sich hin.

„Emil, Emil", rief der Fasan und winkte dem verwunderten Erpel fröhlich zu. „Wie geht's dir, mein Lieber?"

Mit einem etwas roten Kopf kam Emil dem Moderator entgegen und lächelte verlegen in die Kamera. „Oh, mir geht es gut soweit. Ich habe nun auch endlich keinen Muskelkater mehr." Franz lachte herzhaft und klopfte dem Erpel auf sein Federnkleid. „Das glaub ich dir gerne. Die ganze Welt spricht von dir, mein Freund, und deinem tollen Einsatz für Mike von Mauersegler. Vermutlich wäre kein anderer auf die Idee gekommen, mit Mike zusammen seine Brille zu putzen."

Emil von Erpel begann zu lächeln. „Da stimme ich dir zu. Während ich am Putzen war, spürte ich förmlich, wie die Zeit an mir vorbeiflog. Etwas traurig war ich schon. Der Vorsprung, den ich den anderen gegenüber hatte, war mit meiner Hilfsaktion mehr als weg. Und das konnte ich auch nicht mehr wettmachen. Im Gegenteil: Von da an fiel ich mehr und mehr zurück."

Franz von Fasan nickte aufmerksam und erwiderte „Deine Gutmütigkeit ist bewundernswert. Aber, Emil, wieso hast du dich und deine Teilnahme am Wettflug so außer Acht gelassen?"

Dem Erpel verschlug es für einen Moment den Atem. „Nun ja", begann er zaghaft, „ich denke, dass es mir schwerfällt, abzuwiegen, wann es angemessen ist zu helfen und wann man auf sich

5. AKT – DER WANDEL

selber Acht geben sollte. Ich habe kein Gefühl dafür, wann es zu viel ist. Und bevor ich egoistisch handele und andere in ihr Unglück fliegen lasse, helfe ich, wo ich nur kann."

Für einen kurzen Moment wusste der Fasan nicht, was er darauf antworten sollte. Er war von der Ehrlichkeit des Erpels überrascht und von seinem gutmütigen Wesen gerührt. Und gleichzeitig tat ihm Emil leid. Er nahm sich selbst viel zu unwichtig und würde so immer der Verlierer sein. Und da fasste der Fasan den Entschluss, Vögeln wie Emil von Erpel zukünftig zu helfen.

So wie Emil etwas in Franz von Fasan bewegte, so läutete auch der Sieg von Wanda von Wildgans und ihrem Team ein Umdenken ein.

Natürlich war jedem Vogel des Federnlandes bewusst, dass Wanda eine schnelle und gut aufgestellte Wildgans war, die eine ausgewogene Trainingszeit durchlebt hatte. Doch in einem Team zu gewinnen? Das war vielen Vögeln nach dem letzten Jahr ein neuer Gedanke. Es wäre ein leichtes für die Wildgans gewesen, die letzten Meter zu beschleunigen und die anderen Vögel nach hinten fallen zu lassen. Doch das Gegenteil war geschehen: Wanda hatte sich in den letzten Minuten ganz bewusst in ihrer Fluggruppe wohl gefühlt und sich zusammen mit dem Rest angespornt.

Seit dem großen Wettflug verging kein Tag, an dem nicht von der Wildganstruppe berichtet wurde. Schlagzeilen wie *„Die Wildgans und ihr Vogelschwarm – ein absolutes Gewinnerteam"* oder *„Gemeinsam schneller – die diesjährigen Siegerinnen und Sieger des Wettflugs"* schmückten die Cover der wichtigsten Zeitungen und regten die Vogelwelt zum Nachdenken an.

Eigentlich wurde nach dem vorherigen Wettfliegen genau das gegenteilige Verhalten hoch angepriesen. Wie konnte es sein, dass ein wettbewerbsorientiertes und nehmerisches Verhalten nun doch nicht mehr das Erfolgsrezept war?

Diese Frage stellte sich auch die Bürgermeisterin des Federnlandes, Zara von Zaunkönig. Seitdem der Wettflug vorbei war,

5. AKT – DER WANDEL

beobachtete sie das Vogelgeschehen im Land ganz genau. Viele Fragen wurden gestellt, viele Unsicherheiten gab es und mancherorts wurde auch diskutiert. Und auch sie war von den Geschehnissen überrascht - Aber auf eine positive Art, die sie nur gutheißen konnte. Es freute sie zu sehen, dass Zusammenarbeit auch Früchte tragen konnte und dass der Wettflug zum Kooperieren anregte. Was könnte sie sich für ihre Vögelbürger mehr wünschen? Die Zaunkönigin nutzte den Schwall an Euphorie, der sich durch das Federnland zog, und kündigte stolz die Übergabe der Medaillen für den kommenden Tag an.

Ein Vogel, der sich eher aus der pulsierenden Vogelmenge zog, statt ein Teil von ihr zu sein, war Kai von Kranich.

Nachdem er an jenem großen Tag zeitgleich mit der Elster durch das Ziel geflogen war, hatte er kaum mehr einen Augenblick für sich alleine gehabt. Er erinnerte sich noch gut an Ernas ungläubigen Blick, als der Schiedsrichter verkündete, beide Vögel seien gleichzeitig über die Ziellinie geflogen. Etwas schmunzeln musste er darüber schon. Er gönnte es Erna von Elster so sehr, nicht schneller als er geflogen zu sein, und freute sich darüber, auf der letzten Strecke über dem Mohnfeld so gut durchgehalten zu haben.

Natürlich hätte Kai von Kranich gerne zu den Erstbesten gehört, die den Wettflug meisterten. Aber er war sich auch bewusst, dass sein Misstrauen anderen gegenüber Folgen hatte. Kai konnte mit seiner Art betrügerisches Verhalten leicht entpuppen. Aber von dem wohlgesonnenen Handeln, wie das von dem Prachtfinken, konnte der Kranich nicht profitieren.

Bereits einige Male musste Kai von Kranich an Peters netten Tipp denken, die Felswand von der rechten Seite zu umfliegen, und daran, wie sich Kai geplagt von seinen Zweifeln, instinktiv für die linke Seite entschieden hatte. Wieso stand er sich nur selber so im Weg? Die Antwort kam ihm schnell in den Sinn: Er wollte durch blindes Vertrauen anderen gegenüber keine Nachteile ziehen. Dass ihm dadurch auch Vorteile verwehrt blieben, fiel ihm jetzt wie Schuppen von den Augen.

5. AKT – DER WANDEL

Natürlich war Kai kein absoluter Einzelgänger. Im Gegenteil: Auch er war ein geselliger Vogel, dem soziale Kontakte durchaus viel bedeuteten. Da war zum Beispiel die Freundschaft zum Erpel, die Kai eine Menge guter Laune bescherte. Dem Kranich fiel es nur einfach nicht so leicht wie anderen Artgenossen, Fremden Vertrauen zu schenken und dadurch eine Beziehung aufzubauen.

Während der Kranich seinen weitläufigen Gedanken hinterher hing, läuteten die Glocken des Marktplatzes. Nun war es soweit: Wanda und ihr Team würden endlich ihre wohlverdienten Medaillen erhalten.

Es dauerte nicht lange, da flog ein immer größer werdender Vogelschwarm an ihm vorbei in Richtung Rathaus und Kai musste nicht lange überlegen, bis er sich ihm anschloss.

In der Luft konnte er nicht umhin, sich zu fragen, wie die Ansprache der Bürgermeisterin wohl dieses Jahr aussehen würde. Im vergangenen Jahr wurde die Elster gefeiert und gelobt und die damaligen Worte von Zara von Zaunkönig waren geschwängert von Wettbewerbsorientierung, Konkurrenzdenken und betonten so wenig das Emotionale. Doch die magische Formel, die damals alle aufgestellt hatten, war dieses Jahr nicht aufgegangen.

„Hey!" Kai wurde mit einem Ruck aus seinen Gedanken gerissen und sah, wie Emil von Erpel sich ihm näherte. „Na Langbein? Schön, dich hier zu sehen." Mit einem Lächeln nickte ihm der Erpel zu und die Freunde setzen zum Landen an.

„Das lass ich mir doch hier nicht entgehen", schmunzelte der Kranich und strich sich sein Federnkleid zurecht. „Hast du dich von dem anstrengenden Wettflug erholt?", Kai blickte Emil zögernd an. „Ja doch", erwiderte dieser. „Der Muskelkater hat mich zwar umgebracht und die ersten drei Tage habe ich durchgehend geschlafen, aber nun sind meine Kraftreserven wieder voll. Und ich fühle mich richtig gut."

Die beiden Freunde gesellten sich zu der Vogelmenge, die vor einer großflächigen Bühne bereits auf den Start der Ansprache wartete.

5. AKT – DER WANDEL

Es dauerte nicht lange, da ertönte ein lautes Läuten von Glocken und die Zaunkönigin erschien in ihrem prachtvollen Federkostüm. Mit einem bedachten Lächeln blickte sie in die Menge und, ohne etwas zu sagen, legte sich eine respektvolle Ruhe über den Marktplatz. Nachdem der letzte Glockenklang verstrichen war, setzte die Bürgermeisterin mit fester Stimme an:

Wir haben uns heute versammelt, um die Sieger des diesjährigen Wettflugs zu ehren und um unserer Vorfahren zu gedenken.

Auch in diesem Jahr hatten wir ein unvergleichbares Erlebnis. Dass wir im Federnland unsere langjährige Tradition aufrechterhalten, das zeugt von großer Loyalität und Verbundenheit. Verbundenheit gegenüber unseren Vorfahren, die unser Land geschützt haben und Verbundenheit gegenüber unserer Natur, dem Fliegen.

Wie jedes Jahr war der Wettflug einzigartig. Nicht zuletzt dank der vielen Vögel, die das Gelingen mit ihrer Hilfe unterstützt haben. Wir danken jenen, die tatkräftig geschmückt und gekocht haben. Ebenso toll waren alle Vögel, die das ganze Spektakel von Anfang an begleitet und die Freude daran aufs Neue entfacht haben.

Und auch Franz von Fasan hat vollen Einsatz gezeigt. Es gibt keinen Moderator, der die Ereignisse mit so einem Herzblut und Engagement begleitet, wie er es tut. Er hat uns angenehm und heiter durch die Vorbereitungen, den Wettflug und durch die Tage danach geführt. Danke, Franz.

Mit einem Nicken blickte die Zaunkönigin nach hinten und hastig kam ein Vogel zu dem Fasan geflogen und reichte ihm einen riesigen Blumenstrauß, der an seiner Farbenvielfalt nichts einsparte. Franz kämpfte sichtlich mit den Tränen und strahlte übers ganze Gesicht. Mit zitterndem Schnabel nahm er den Strauß entgegen und deutete den Ansatz einer Verbeugung zum Publikum an.

Abgesehen von den zahlreichen helfenden Vögeln, die für einen in Erinnerung bleibenden Tag gesorgt haben, richte ich mich nun an die Teilnehmenden.

5. AKT – DER WANDEL

Ihr seid das Herzstück dieser riesigen Veranstaltung. Durch euren Einsatz und euren bedingungslosen Antrieb sorgt ihr dafür, dass der Wettflug überhaupt stattfinden kann. Ihr seid die Zukunft und die nächste Generation. Ich freue mich verkünden zu können, dass die Flugzeiten aller zusammen so gut wie lange nicht mehr waren. Ihr könnt stolz auf euch sein!

Ein Tosen brach durch die Menge und die Vögel, die noch einige Sekunden zuvor still und aufmerksam waren, begannen zu jubeln. Das, was durch die Publikumsmenge strömte, war eine pulsierende Freude.

Der Wettflug ist ein beispielloser Weg, um euch zu beobachten und herauszufinden, worin ihr euch unterscheidet. An eurem Verhalten sieht jeder Einzelne im Federnland, wann man erfolgreich ist und wann andere scheitern.

Die Zaunkönigin ließ ihren Blick über die Menge schweifen und schaute ganz bewusst einige der Vögel etwas länger an.

Da haben wir unsere Erna von Elster. Eine Kandidatin, wie man sie sich nur ausmalen kann. Zielstrebig, voller Elan und Motivation und ganz darauf ausgerichtet, gewinnen zu wollen. Erna von Elster hat im vergangenen Jahr mit einem deutlichen Abstand allen anderen gegenüber gewonnen. Durch sie wurden unsere Gespräche und unsere Meinungen erweitert. Wettbewerb und Geradlinigkeit waren in aller Schnäbel. Ihre vollständige Hingabe zum Wettbewerb war außergewöhnlich.

Mit dem Beginn der diesjährigen Vorbereitungen zum Wettbewerb hat Erna ihr berühmt-berüchtigtes Verhalten erneut gezeigt. Die Wetten, dass sie auch dieses Jahr als Erste durchs Ziel fliegen würde, sind sprunghaft in die Höhe geschnellt. Doch was ist das Ergebnis?

Das Ergebnis, welches wir alle beobachten konnten, ist, dass mit dem Konkurrenzgedanken langfristig eine Einsamkeit einhergeht. Man kooperiert schlichtweg nicht. Man handelt gegeneinander.

5. AKT – DER WANDEL

Wir Vögel fühlen uns oft in Schwärmen wohl. Wir verlassen uns aufeinander und bevorzugen die Nähe anderer. Diese Eigenschaft ist uns von Natur aus mitgegeben und verfolgt daher auch einen evolutionären Sinn. Einmalige Herausforderungen können natürlich alleine geschafft werden. Kämpfen zwei Vögel um einen Wurm, so gewinnt derjenige, der stärker und flinker ist. Doch als unsere Vorfahren vor vielen Jahren das Federnland verteidigen mussten, mussten sie zusammenhalten. Hätte jeder Vogel alleine gekämpft, so würden wir heute nicht da stehen, wo wir nun mal sind.

Wettbewerb und Egoismus können kurzfristig zum Erfolg führen. Erna von Elster hat das mehr denn je bewiesen. Aber in größeren, bedeutsameren Situationen, die die Zukunft verändern können, sind wir zusammen viel stärker.

Zara von Zaunkönigin schaute bedächtig in die Richtung von Wanda. Sie merkte, wie ihr Zwitschern lauter und eindringlicher wurde und wie Vögel des Federnlandes an ihrem Schnabel hingen.

Wanda von Wildgans und ihr Team sind das, was das Federnland braucht. Durch ihren Zusammenhalt und die gegenseitige Unterstützung, die sie einander gegeben haben, konnten sie den Wettflug gewinnen. Ihr Vertrauen zueinander und ihre Hilfsbereitschaft machen sie als Gruppe stark. Wanda hat uns gezeigt, dass Kooperationsbereitschaft zu wesentlich mehr Erfolg führt, als einzelkämpferisches Verhalten. Ich freue mich, dieser inspirierenden Gruppe nun die Siegermedaillen überreichen zu können.

Mit einer auffordernden Geste animierte die Bürgermeisterin die kleine Vogelgruppe, zu ihr auf die Bühne zu fliegen. Aufgeregt schauten die Teilnehmenden in die Menge und freuten sich gemeinsam, als die Medaillen zum Vorschein kamen. Nach und nach hing Zara jedem Gruppenmitglied eine Medaille um den Hals und nickte ihnen anerkennend zu.

Liebe Gemeinschaft, jeder Vogel hat mit seiner ganz individuellen Art einen Erfolg erzielt. Denn alle sind durchs Ziel geflogen.

5. AKT – DER WANDEL

Der diesjährige Wettflug zeigt uns jedoch, dass wir voneinander lernen und alle zusammen von einem geteilten Wissen profitieren können. Wanda und ihre Vogelgruppe haben uns das erfolgreichste Verhalten gezeigt. Doch wir können auch von Teilnehmenden wie Erna von Elster oder Emil von Erpel lernen.

Aus diesem Grunde haben wir in der Mitte des Marktplatzes eine große leere Tafel aufgestellt. Wir bitten euch, diese Tafel mit dem, was ihr gelernt habt, zu füllen. So hat jeder die Möglichkeit, von dem Wissen anderer zu profitieren. Ich bin überzeugt, dass wir, wenn wir uns an die Erkenntnisse der Tafel halten, im nächsten Jahr noch bessere Flugzeiten erreichen können. Ich bin stolz darauf, Teil einer so tollen Vogelgemeinschaft zu sein.

Mit diesem Satz verneigte sich die Bürgermeisterin und signalisierte so das Ende ihrer Rede. Diejenigen, die von den Worten der Zaunkönigin gerührt waren, beobachteten nun, wie Franz von Fasan an das Mikrofon trat.

„Vielen Dank für die treffenden Worte, Zara", begann der Fasan. „Doch auch ich möchte gerne etwas sagen. Durch die vielen Interviews, die ich während des Wettflugs führen durfte, konnte ich einiges lernen." Eine kleine Pause entstand, dann fuhr Franz fort. „Besonders aufgefallen ist mir dabei Emil von Erpel. Er ist ein toller Vogel, der bedingungslos für andere da ist, nur eben für sich selber nicht. Und da wäre auch Kai von Kranich, ein gutmütiges und strukturiertes Wesen. Seine Planungsfreude schafft ihm Vorteile, sein anfängliches Misstrauen anderen gegenüber nimmt ihm dagegen wieder viel. Und diese beiden Teilnehmer sind nur ein Bruchteil der vielen Potenziale, die sich nur teilweise entfalten können. Die Tafel der Weisheiten wird nur der Anfang sein.

Ich appelliere an euch, dass wir zusammen voneinander auch in aktiver Form lernen werden. Daher biete ich euch zusammen mit einem kleinen Projektteam Mediationen und Gesprächsrunden an, bei denen ihr eure Gedanken und Ängste teilen könnt. Je größer und intensiver unser ganz individueller Austausch an Erfahrungen sein wird, umso mehr Erkenntnisse können wir uns anreichern."

5. AKT – DER WANDEL

Nachdem die Vögel für eine ganze Weile laut applaudiert hatten, wurde die Musik angeschaltet und die Menge verfiel in eine dynamische und tanzende Masse. Noch lange feierten die Vögel des Federnlandes den Wettflug, die Gewinner und Gewinnerinnen und die Ansprache der Bürgermeisterin und des Fasans. Die sommerliche Luft begleitete das ausgelassene Fest noch spät in den Abend hinein und verabschiedete sich schließlich langsam zusammen mit der untergehenden Sonne. Nach und nach flog der eine oder andere Vogel aus der Masse heraus und notierte seine Erkenntnisse an der großen Tafel. Mit den letzten Sonnenstrahlen wurde die Tafel vervollständigt.

5. AKT – DER WANDEL

1. Das Leben ist kein Nullsummenspiel.
2. Anderen einen Vertrauensvorschuss zu gewähren, kann sich sehr lohnen.
3. Anderen mit Vertrauen und Wohlwollen zu begegnen, ermöglicht ein großes Netzwerk.
4. Höre auf, denen etwas zu geben, die sonst nur nehmen.
5. Durch Misstrauen kannst du dein Potenzial und das deiner Umgebung nicht entfalten.
6. Nimm dich und deine Bedürfnisse ernst. Nur so sind du und dein Umfeld erfolgreich.
7. Konkurrenzdenken schadet dir primär selbst.
8. Sei nicht nachtragend, keiner ist perfekt.

NACHSPANN

„Herzlich willkommen!" ertönte eine helle Frauenstimme und durchbrach die Stille, die sich seit einer geraumen Zeit über den Flur gelegt hatte.

Monika erhob sich langsam von ihrem Stuhl und überflog in Windeseile die letzten Sätze des kleinen Buches. Für die Tafel der Weisheiten, wie sie genannt wurde, hatte sie keine Zeit mehr.

Schnell schob sie den Anflug eines schlechten Gewissens beiseite. Schließlich war sie mit dem Lesen der Vorbereitung zur Teambuilding-Maßnahme nachgekommen. So hob sie ihren Blick und sah, wie die Trainerin eine einladende Geste machte. „Treten Sie alle ein."

Nacheinander kamen die Personen, die wie Monika zuvor im Flur gewartet hatten, der Bitte nach und betraten, noch in Gedanken vertieft, den Trainingsraum. „Schön", setzte die Trainerin an, „dass wir so pünktlich anfangen können. Wie ich sehe, sind Sie meiner Bitte mit der Parabel nachgekommen." Mit einem Zwinkern nickte sie Monika zu. „Bitte setzen Sie sich doch alle." In der Mitte des Raumes befand sich ein großer runder Eichentisch mit sieben, sehr einladend aussehenden Sitzgelegenheiten. Licht durchflutete den Raum und verstärkte die helle Wirkung der weißen Wände.

Während nach und nach Platz genommen wurde, ließ Monika ihren Blick über die köstlich aussehenden Kanapees schweifen. Wie viele sie wohl davon schon gegessen hatte? Mit ihren 50 Lebensjahren hatte sie dafür bereits viele gute Gelegenheiten gehabt. Auf unzähligen Meetings und Konferenzen, auf Kongressen und Firmenjubiläen – Kanapees waren immer dabei. So wie Monika, die durch und durch eine Geschäftsfrau war. Ihr

Elan und ein gewisser Biss waren das, was sie die Karriereleiter nach oben steigen ließ. Zusammen mit dem Erfolg etablierte sich jedoch auch das Image einer wettbewerbsorientierten und kalkulierenden Mitarbeiterin. Die meisten Menschen, die Monika kannten, würden sie vermutlich als kämpferische Natur ansehen, die Herausforderungen mit einer ausreichenden Portion Selbstsicherheit begegnete.

„Was für eine Aussicht", rief Kurt, der einen Blick aus der großen Fensterfront warf. „Mir kam der Park da unten noch nie so klein vor", sagte er staunend und kam auf die anderen zu, die sich bereits hingesetzt hatten.

Jürgen lachte. „Auf welchem Stockwerk sind wir jetzt eigentlich?"

„Das ist sage und schreibe die 14. Etage", Kurt schüttelte den Kopf. „Nichts im Vergleich zu den Wolkenkratzern in Frankfurt. Aber das tut dem Ausblick, den wir hier haben, keinen Abbruch." Gut gelaunt setzte er sich auf den freien Stuhl neben Monika.

„Waren Sie denn schon mal in Frankfurt?", fragte die Trainerin neugierig. Mit einem Lächeln antwortete Kurt: „Einmal? Bevor ich zu Gollnick & Partner gekommen bin, habe ich eine ganze Zeit in so einem Wolkenkratzer gearbeitet. Mein damaliger Kollege und ich, wir sind da mit unserem Start-Up hingezogen." Monika schaute den noch recht jung aussehenden Mann überrascht an. „Ihrem Start-Up?" „Das war eine aufregende Zeit", erwiderte Kurt. „Ständig Sachen neu zu denken und kreativ zu sein, ist gar nicht so einfach. Aber es macht unglaublichen Spaß. Gerade, wenn man in so einem tollen Team ist, wie ich es hatte."

Die Trainerin nickte zustimmend. „Das glaube ich Ihnen. Wenn man mit den richtigen Leuten zusammenarbeitet, gewinnt man unheimlich viel. Und darum wird es heute gehen." Sie ließ ihren Blick über die Gruppe schweifen und hielt für einen Moment inne. „Zunächst einmal möchte ich mich vorstellen. Ich bin Simone und führe bereits seit einigen Jahren für Gollnick & Partner Trainingsseminare durch. Sie alle sind neu in diesem Unternehmen und müssen zusammen als Team einen neuen Geschäftsbereich aufbauen. Eine anspruchsvolle Aufgabe, so viel ist zu sagen. Gollnick & Partner", fuhr sie mit hochgezogenen Augenbrauen fort, „sieht in Ihnen das Potenzial, diese Aufgabe zu meistern. Aber eines muss klar sein. Die absolute Grundlage für ein erfolgreiches und nachhaltiges Arbeiten besteht in einem gut funktionierenden Team."

Marita, eine Frau mittleren Alters, nickte zustimmend. Sie wusste, wovon Simone da sprach. Als sie von der Teambuilding-Maßnahme gehört hatte, freute sie sich. Gerade für ihre neuen Arbeitskollegen und -kolleginnen und sie war es wichtig, gemeinsam einen guten Start in der Firma zu haben. Unruhestifter würde es immer geben, das wusste Marita aus ihren vielen Erfahrungen mit Teams. Doch je mehr man ihnen mit einem ehrlich gemeinten Lächeln den Wind aus den Segeln nehmen konnte, desto schneller wurden auch sie zu einem Teamplayer. Sie kannte die anderen erst seit gut zwei Wochen und wusste noch so wenig über sie. Das Training bot der Gruppe die Möglichkeit, sich auf einer alltagsfernen Ebene zu begegnen und sich so etwas intensiver kennenzulernen.

„Sie haben die Gelegenheit", fuhr Simone fort, „herauszufinden, wie Sie in Zukunft erfolgreich miteinander zusammenarbeiten können. Wissen Sie, welcher Unternehmenskultur sich Gollnick & Partner verschrieben hat?" Fragend schaute sie in die Runde und fing dabei Jürgens Blick ein. „Natürlich", entgegnete er ihr schnell. „Auf der Internetseite habe ich etwas von einer Kooperationskultur gelesen." Jürgen lächelte in sich hinein. Von Kooperation verstand er viel. Das hatte ihm auch der Personalreferent beim Bewerbungsgespräch mitgeteilt, der seine Arbeit bei einem großen Zeitschriftenverlag eine Zeit lang beobachtet hatte. Als damaliger Praktikant kooperierte Jürgen so viel, dass ihm Überstunden trotz schlechter Bezahlung selten erspart blieben. Natürlich wusste er, dass Lehrjahre keine Herrenjahre waren. Doch er hatte sich ein Ziel gesetzt. Das Ziel, durch seine hohe Einsatzbereitschaft aufzufallen. Und so hatte er geschafft, Gollnick & Partner für sich zu gewinnen.

„Sie sind gut informiert, wie ich sehe", antwortete Simone und erhob sich von ihrem Stuhl. „Diese Kultur zu leben ist hier ein Gebot." Mit einem großen Schritt entfernte sie sich vom Tisch und

NACHSPANN

zog ein Flipchart heran, welches zuvor unbemerkt an der Seite gestanden hatte. „Doch was bedeutet Kooperation eigentlich genau?" Keiner durchbrach die Stille, die sich für einen kurzen Moment ausbreitete. „Es gibt nicht nur das eine Kooperationsverhalten und nicht nur den einen Weg, der zum Ziel führt. Auf dem Flipchart hier sehen Sie die vier Vögel, die Sie beim Lesen während des Wettflugs begleitet haben." Simone schmunzelte und zog erwartungsvoll die Augenbrauen hoch: „Können Sie sich noch an die Namen erinnern?"

„Ja, natürlich", meldete sich Thomas zu Wort. „Die vier Vögel heißen Kai von Kranich, Emil von Erpel und Wanda von Wildgans. Und natürlich gibt es da noch die Elster namens Erna." Der erfahrene Vertriebler schaute selbstsicher in die Runde. Die jahrelangen Gesprächsführungen mit Kunden und Kundinnen hatten ihm eine überzeugende und ehrliche Ausstrahlung verliehen. Er zählte zu jenen Menschen, die eine gewisse Präsenz ausstrahlten. Vermutlich lag es daran, dass Thomas seine eigene Meinung selten hinterfragte. Er wusste, dass ihn sein Handeln zum Erfolg führte und dass er ausreichend Wissen mit sich brachte, um Entscheidungen gut zu begründen.

Nickend stimmte ihm die Trainerin zu. „Genau. Ich gehe davon aus, dass Sie die Parabel alle gelesen haben. Denn sie bildet für die nächste Zeit unsere Gesprächsgrundlage."

Jonas, der letzte in der Runde, lehnte sich gespannt nach hinten und verschränkte seine Arme. Aus seiner ehemaligen Tätigkeit in einer Unternehmensberatung war Jonas eine Ellbogenmentalität vertraut. Auch wenn er sich dabei nicht wohlfühlte, fand er sich oft in der Rolle eines Einzelkämpfers wieder, dem gut daran getan war, nicht allem, was ihm andere entgegenbrachten, Glauben zu schenken. Die neue Stelle bei Gollnick & Partner sah er als eine Chance an, aus dieser Menge an wettbewerbsorientierten und kompromisslosen Angestellten herauszutreten. Er war sich sicher, viele seiner Kollegen in Erna von Elster wieder zu erkennen. „Ich bin gespannt", sagte er in die Runde. „Die Vögel sind schon interessant. Aber wie sich das mit den Herausforderungen der Arbeitswelt verbinden lässt?"

Simone nickte. „Genau hierum geht es jetzt. Ich möchte mit Ihnen gemeinsam den Transfer in Ihre Teamsituation schaffen. Das Flipchart soll Ihnen dabei helfen, sich die Vögel klar vor Ihrem inneren Auge vorzustellen."

In Ruhe setzte sich die Trainerin erneut hin und richtete ihre Aufmerksamkeit auf Thomas. „Beginnen wir mit Ihnen. Welche Botschaft nehmen Sie aus dieser Parabel mit?"

Nach einigen Sekunden setzte Thomas an, um seine Gedanken mit der Gruppe zu teilen. „Zunächst erkenne ich unterschiedliche Verhaltensstrategien, wie man sich gegenseitig unterstützt." In der Tischgruppe durchzog sich die Bewegung eines zustimmenden Nickens.

„Das erinnert mich an meinen Job", fuhr Thomas fort. „Ich glaube, dass ich in dem Moment immer gut war, wenn ich als Vertriebler auch die Interessen meiner Kunden wahrgenommen habe, also sozusagen eine Win-Win-Situation geschaffen habe. Mein Erfolg war sozusagen der Erfolg meiner Kunden. Das führte zu Weiterempfehlungen, nicht zuletzt wurden aus Laufkunden Stammkunden und dann auch wiederum Weiterempfehler - gibt's das Wort überhaupt? Ich glaube jedoch, dass hierzu eine Haltung gehört. Wenn man dies aus rein taktischen Manövern spielt, wird man scheitern. Man muss es glaubwürdig leben, man strahlt es aus, dass man Kooperation will und lebt, dass man seinem Gegenüber mit Vertrauen begegnet, sozusagen auf Augenhöhe."

Thomas hielt für einen Moment inne und sammelte sich kurz. „Also, was nehme ich aus dieser Parabel mit? Ich glaube, wir sollten hinhören, offen sein, uns mit Vertrauen begegnen und uns vielleicht auch nicht zu wichtig nehmen. Ja, vielleicht auch hier und da Erkenntnisse mitnehmen, die uns in dieser wunderbaren Parabel Flügel wachsen lassen, Kraft geben, um manche Berge hinter uns zu lassen. Eine Geschichte, die uns sozusagen beflügelt, an uns und den Erfolg der Zusammenarbeit zu glauben. Wenn das für Sie zu sozialromantisch klingt, lasst uns darüber diskutieren."

NACHSPANN

Herausfordernd blickte Thomas von Gesicht zu Gesicht und wartete gespannt auf die Reaktionen der anderen.

„Ja, Thomas, da stimme ich Ihnen zu.", meldete sich Monika zu Wort. „Ihre Sicht mag sozialromantisch klingen, aber ich verstehe die Parabel nicht anders. Was ich auch mitnehmen konnte, ist der Gedanke, dass Entwicklung stattfinden kann."

„Genau", stimmte Jürgen schnell zu. „Was auch gut zu erkennen ist, dass die Erfahrung und das gute Beispiel uns mehr lehren als viele Worte."

Simone spürte, wie schnell sich eine Gesprächsdynamik im Team ausbreitete und lehnte sich zufrieden zurück. „Sie hatten gerade von Entwicklung gesprochen, richtig Monika? Was meinen Sie damit?"

Die erfahrene Geschäftsfrau neigte ihren Kopf etwas zur Seite und antwortete: „Wir kennen es ja alle aus der Arbeitswelt. Gegeneinander zu handeln ist doch in vielen Köpfen fest eingeprägt. Ich denke, dass das Zusammenarbeiten an sich nun auch mehr Beachtung finden wird. Und deswegen ist mir der Punkt mit der Weiterentwicklung so aufgefallen."

„Ich würde sogar noch einen Schritt weiter gehen", warf Marita ein. „Kooperation entspricht aus meiner Sicht auch unseren menschlichen Bedürfnissen. In Zusammenarbeit mit anderen fühlen wir uns wohler."

„Ein interessanter Gedanke, den Sie da haben. Was meinen Sie genau mit unseren menschlichen Bedürfnissen?", fragte die Trainerin neugierig.

Marita nahm sich einen Moment Zeit und antwortete: „Nun ja. Kontakte zu knüpfen und gemeinsam etwas zu schaffen und zu erleben macht uns glücklicher, als alleine zu kämpfen."

„Ja, es macht einen glücklicher", stimmte Jonas nachdenklich zu. „Und dazu schafft man zusammen auch einfach viel mehr, als wenn jeder für sich arbeiten muss." Mit einer fließenden

Bewegung griff er sich eine kleine Cola-Light-Flasche und schüttete sich etwas davon ein. Simone beobachtete die Situation und sagte: „Natürlich können Sie sich gerne alles nehmen, was auf dem Tisch steht. Ich bitte Sie dazu. Sollte was nachbestellt werden müssen, sagen Sie mir einfach Bescheid." Mit einem Lächeln taten es einige der Personen Jonas gleich und fingen an, sich an den Köstlichkeiten zu bedienen.

Jürgen biss von einem der Kanapees ab und nahm Jonas Gedanken wieder auf. „Und Kooperation lässt uns mit unseren Stärken und Schwächen leben. So können wir andere unterstützen und andere unterstützen uns."

„Ein guter Einwand, Jürgen", sagte Simone zufrieden. „Gerne würde ich mit euch tiefer in die Geschichte eintauchen. Marita, was finden Sie kennzeichnend für die Wildgans, den Erpel, den Kranich und die Elster?" Die Trainerin deutete mit einer Kopfbewegung Richtung Flipchart, auf dem die vier Protagonisten der Geschichte zu finden waren.

„Mit wem fange ich am besten an?", murmelte Marita leise, während sie die gezeichneten Vögel betrachtete. Schließlich setzte sie sich auf und antwortete: „Wanda von Wildgans zeichnet sich dadurch aus, dass sie bereit ist zu helfen, ohne selber etwas zu erwarten. Sie ist beliebt und hat ein großes Netzwerk, von dem sie dann auch unterstützt wird. Ich denke, was für viele ein Wettkampf ist, sieht Wanda als Chance an, gemeinsam etwas Tolles zu erreichen. Außerdem ist sie gut darin, ‚Nein' zu sagen. Trotzdem gibt sie anderen auch zweite Chancen, was, wie ich finde, echt toll ist."

Sie schaute ihre Teammitglieder an und wartete einen kurzen Augenblick ab. Dann fuhr sie langsam fort. „Erna von Elster ist dagegen von Leistungsmessen geprägt. Sie ist eine typische Einzelkämpferin, will unbedingt gewinnen, ist zielstrebig und voller Motivation. Dabei nutzt sie andere leider erbarmungslos aus und schreckt auch vor unfairen Mitteln nicht zurück. Ich denke, dass ihr Image ihr sehr wichtig ist."

NACHSPANN

Mit einer zögerlichen Bewegung zeigte sie schließlich auf die obere rechte Ecke des Flipcharts, wo der Erpel zu finden war. „Emil von Erpel lässt sich dagegen bis zur Erschöpfung ausnutzen. Er glaubt, so Freunde zu finden. Dabei vernachlässigt er sich allerdings selbst. Später werden in ihm jedoch Zweifel an seiner Unterstützung für Erna geweckt."

Monika runzelte die Stirn und schaute ihre Teamkollegin nachdenklich an. „Also denken Sie schon, dass dem Erpel seine selbstlose Art bewusst ist? Diesen Punkt verstehe ich nicht ganz." Nach einem kurzen Räuspern fuhr sie fort. „Wieso lässt Emil sich denn dann trotzdem weiterhin ausnutzen?"

„Nun ja", entgegnete Marita ihr. „Ich denke, dass Kai von Kranich ihn darauf aufmerksam macht, dass die Elster ihn ausnutzt und so werden erste Zweifel an seinem Verhalten in ihm geweckt."

„Hm", Jürgen schaute nachdenklich aus der Fensterfront und sucht nach den richtigen Worten. „Also ich denke, er lässt sich weiterhin ausnutzen, weil er Angst hat, ‚Nein' zu sagen, und davor, dass die Elster ihn dann nicht mehr mögen könnte." Er löste sich von dem tollen Ausblick, wandte sich wieder der Tischmitte zu und wartete auf die Reaktionen der anderen.

Marita nickte sichtbar. „Genau, er genießt es, in Ernas Schatten zu stehen und fühlt sich geschmeichelt."

Die Geschäftsfrau ließ die Erklärungen der anderen für einen Augenblick sacken und erwiderte schließlich: „Ah, okay, das ergibt Sinn. Vielleicht hat Emil dazu auch ein hohes Bedürfnis danach, Anerkennung zu erhalten. Diese Kombination ist dann natürlich besonders gefährlich."

Die Trainerin verfolgte interessiert das Gespräch und fokussierte dann nochmal ihre Ausgangsfrage. „Schön, wie schnell Sie bestimmte Sachen festgestellt haben! Sagen Sie, Marita, fällt Ihnen noch etwas Markantes an dem Kranich auf?"

„Oh ja", entgegnete Marita ihr. „Natürlich. Kai von Kranich ist für mich ein strukturierter Planer. Er verhält sich anderen gegenüber zunächst zurückhaltend. Ich vermute, dass er einfach länger braucht, um eine Beziehung aufzubauen." Sie setzte zum nächsten Satz an und hielt dann inne. Schließlich sagte sie: „Der Kranich ist nicht bereit zu geben, wenn er dafür keine Gegenleistung bekommt. Durch sein Misstrauen verpasst er jedoch viele Chancen."

Simone nickte und freute sich, wie tief die Gruppe bereits in die Parabel eingetaucht war. Sie zu lesen und wirklich zu verstehen, kann für manche Menschen Unterschiedliches bedeuten. An der Art, wie Marita die Vögel beschrieben hatte, konnte sie erkennen, wie gut die Figuren verstanden worden waren.

Sie trank einen Schluck von ihrem stillen Wasser und forderte die Aufmerksamkeit des Teams erneut mit einem kleinen Räuspern ein. „Gut, nun eine Frage an Sie, Kurt: Wie erklären Sie sich, dass die Elster im Vorjahr gewonnen hat?"

Kurt, der bereits um die sechs Kanapees verspeist hatte und dementsprechend satt war, legte nachdenklich seine Hand an sein Kinn. „Eine gute, wirklich gute Frage", fing er an.

„Erna ist ja kein erfolgloser Vogel. Sie ist durch und durch zielstrebig und hat einen bemerkenswerten Siegeswillen. Ich glaube, dass Vögel wie sie schon mal ab und zu gewinnen können, oder?" Interessiert sah er in die Runde. „Die Elster ist konsequent in ihren Trainingsvorbereitungen", fuhr er fort, „und hat ein starkes Auftreten nach außen. Sie kann sich einfach gut verkaufen und weiß, wie man gut in die Kamera lächelt. Den einen oder anderen Vogel wird sie einfach einschüchtern. Von daher würde ich Erna von Elster sowieso als einen Vogel ansehen, der auch Erfolg hat."

Er bemerkte, wie Jonas seine Stirn runzelte und ihn zweifelnd anschaute. Bedacht erzählte er weiter. „Im vergangenen Jahr war ihr Vorteil vermutlich, dass die anderen sie noch nicht gut kannten. Ihr Verhalten wurde deshalb vielleicht zunächst von den anderen toleriert. Aber bei diesem Wettflug kennen das Publikum sowie die Teilnehmenden Erna und ihre Art. Sie erfährt jetzt stärker durchdachte Reaktionen und steht am Ende eher

NACHSPANN

alleine dar. Lange kommen Vögel wie Erna von Elster also nicht erfolgreich mit ihrem egoistischen Verhalten durch."

„Das könnte wirklich Sinn ergeben, Kurt", warf Marita ein. „Erna arbeitet ja auch mit unfairen Mitteln. Ich erinnere Sie nur daran, dass sie heimlich die Flugpläne abfotografiert hat. Sie hat ja sogar die Eitelkeit von dem Prachtfinken ausgenutzt, indem sie ihm einredete, sein Federkleid würde verrutschen, wenn er zu schnell zu Boden fliegen würde. Ich denke, ein solches Verhalten wird von der Umwelt nicht toleriert, wenn es durchschaut worden ist."

Kaum hatte Marita die letzten Worte ausgesprochen, ergänzte Jürgen den Gedanken enthusiastisch weiter. „Und sie kann so kein Netzwerk aufbauen, das sie unterstützt. Eigentlich hat sie ja nur ihren ‚Sklaven' Emil von Erpel. Sie baut mit ihrem Verhalten eher ein Gegennetzwerk auf."

Simone nutzte die Gelegenheit und knüpfte erwartungsvoll an die letzten Worte an. „Sie haben gerade das Wort ‚Gegennetzwerk' eingeworfen. Ein interessanter Gedanke Jürgen. Denken Sie, Jonas, dass Erna im letzten Jahr ein solches Netzwerk noch nicht hatte?"

„Nun ja", begann Jonas nachdenklich. „Ich denke, ein Netzwerk aufzubauen erfordert auch Zeit. Man muss ja erstmal wissen, auf wen man sich verlassen kann und auf wen nicht. Beispielsweise hat sich Wanda ja auch schon mal von Erna ausnutzen lassen und hat erst danach gemerkt, dass sie bei ihr vorsichtig sein muss."

Jürgen studierte die Zeichnung der Elster und fügte hinzu: „Ernas Verhalten ist sicherlich im Laufe der Zeit immer egoistischer und brutaler geworden, weil sie keinen Widerstand gespürt hat." Er nickte kaum merkbar und ließ seinen Blick noch eine Weile auf dem Flipchart liegen.

„Und weil sie gemerkt hat, dass sie damit Erfolg hatte", ergänzte Marita.

Zustimmend lächelte die Trainerin in die Runde. „Ich freue mich über Ihren Gedankenaustausch. Sagen Sie Monika, fällt Ihnen eine vergangene Situation ein, in der Sie mit Ihrem Verhalten einem der Vögel geähnelt haben? Wie hat Ihr Umfeld darauf reagiert?" Simone hatte vor der ersten richtigen Transferfrage jedes Mal etwas Respekt. In vergangenen Trainings reagierten die Personen oftmals unterschiedlich.

„Das ist eine gute Frage", fing Monika an und lehnte sich nachdenklich zurück. „Nun ja, als erfahrene 50-jährige Geschäftsfrau muss man sich im Alltag behaupten. Hätte ich mich da wie Emil von Erpel verhalten, wäre ich heute nicht hier."

Sie schmunzelte, während sie ihren Gedanken nachhing. „Gerade erinnere ich mich an ein wichtiges Projekt, das ich mit einem Team vor meiner letzten Beförderung betreut habe. In der Zeit war ich maßlos überarbeitet. Doch ich wusste damals schon, dass ich nur eine Chance auf die Beförderung hatte, wenn ich das Projekt erfolgreich durchführe. So habe ich das Engagement und den Fleiß der anderen für mich genutzt. Natürlich musste mein Team oft Überstunden machen. Aber ehrlich gesagt, war mir das zu diesem Zeitpunkt relativ gleich."

Sie zuckte mit den Schultern und fuhr fort: „Jeder muss doch selber zusehen, dass er alles gut unter einen Hut bringt. Nach Projektabschluss kam die Präsentation vor unserem Vorgesetzten, die ich fast komplett alleine vorgetragen habe. Meine Kollegen und Kolleginnen waren schon etwas sauer. Aber was soll ich sagen? Ich habe mir die Beförderung erkämpfen können."

Als sie ihren Blick hob und in die erstaunten Gesichter der anderen schaute, versuchte Monika sie etwas zu beruhigen. „Aber in diesem Unternehmen habe ich es mir etwas anders vorgenommen, keine Sorge. Einen Teamspirit zu leben, finde ich auch ganz gut."

Thomas bemerkte seine Sprachlosigkeit und fragte interessiert: „Haben die anderen Ihnen schon einmal in einer Vorgesetztenbeurteilung aufgezeigt, wie sie Sie in dieser Rolle sehen oder wünschen?"

NACHSPANN

Monika erwiderte geradeheraus: „Ja, Thomas, das haben sie". Sie erzählte weiter: „Da kam natürlich schon die eine oder andere Beschwerde. Allerdings war mein Team zu dieser Zeit nicht wirklich groß. Ich konnte nach der anonymen Beurteilung eigentlich doch relativ leicht erkennen, wer was geschrieben hat. Hier habe ich natürlich auch ein ernstes Gespräch gesucht und erklärt, dass ich es ja nicht persönlich meine." Sie schaute Thomas an und schlug ihre Beine übereinander.

Marita schüttelte den Kopf: „Das haben Sie gemacht?"

„Aber nun warten Sie doch", sagte Monika und bedeutete den anderen mit einer Handbewegung, ihr weiter zuzuhören.

„Später folgte noch ein Gespräch mit einem Coach, der mir zugeordnet wurde und er hat mir sehr deutlich kommuniziert, dass ich hier falsch handele. Diese Sicht verstehe ich im Nachhinein auch."

Sichtbar erleichtert stimmte Thomas ihr zu: „So ein Coach hat auch was Gutes!"

Jürgen konnte nicht umhin zu schmunzeln. „Dann ist das doch eine tolle Chance für Sie, in unserem neuen Team anders zu agieren und kooperativer zu sein!", setzte er an.

Monika lauschte Jürgens Worten und nickte zustimmend. „Sie haben Recht", sagte sie. „Dieses Team sehe ich als Chance an. Denn aus Erfahrung kann ich Ihnen auch sagen, dass einzelkämpferisches Verhalten für eine gewisse Einsamkeit sorgt. Das möchte ich ungerne nochmal erleben. Heutzutage ist Wettbewerb ja nichts Ungewöhnliches. Aber ich habe die Erkenntnis gewonnen, dass es einem doch mehr bringt, wenn man zusammenarbeitet. Ich denke, dass dieser Wandel, den ich durchlaufen habe, die Wirtschaft bestimmt auch noch durchziehen wird." So positiv hatte sich Monika selbst länger nicht mehr gehört.

„Das wäre sehr wünschenswert", antwortete Marita auf die positive Vermutung ihrer Kollegin. „Dann würden wir alle in einem sehr angenehmen Arbeitsklima tätig sein."

„Um zu meiner nächsten Frage zu kommen", durchbrach Simone den Erzählfluss. Dann schaute sie Jonas interessiert an und fragte: „Denken Sie, dass das Verhalten etwas über unsere Persönlichkeit aussagt?"

Ein kurzes Schweigen stellte sich in dem Trainingsraum ein und das Team verfiel in Gedanken. Die Frage schien weniger einfach zu beantworten zu sein, als die vorherigen Themen es waren.

Jonas setzte an. „Ich denke", begann er, nur um dann noch einmal nachdenklich die Stirn zu runzeln. „Ich denke, dass Verhalten und Persönlichkeit erstmal zwei verschiedene Paar Schuhe sind. Zumindest bin ich nett zu jemandem, der auch nett zu mir ist. Allerdings glaube ich, dass, wenn sich jemand durchgehend egoistisch verhält, dies schon etwas auf seine Persönlichkeit schließen lässt. Es zeigt seine Grundhaltung, wie er über andere Menschen denkt." Ihm schossen diverse Bilder von ehemaligen Arbeitskollegen und -kolleginnen durch den Kopf, wie sie Konflikte provozierten und einander ausnutzen, und er fragte sich, wie diese Menschen wohl im privaten Leben waren.

Nachdenklich atmete Jürgen aus. „Letztlich ist die Haltung eines Menschen oder einer Führungskraft das Wesentliche. Führungstools sind da eher nicht so wichtig. Wenn eine Führungskraft Menschen mag, sie respektiert und wertschätzt, ist das schon mehr als die halbe Miete."

„Nun ja", entgegnete Monika schnell. „Ich konnte mein Federnkleid ja auch wechseln. Von daher denke ich, dass Verhalten wirklich sehr situativ bedingt ist und die Persönlichkeit etwas ist, was auch über einen langen Zeitraum währt."

„Verständlich", meldete sich Marita zu Wort. „Aber wie unterscheiden Sie das Verhalten von der Persönlichkeit?"

Monika begann, sich Gedanken zu ihrer eigenen Person zu machen. Wo sah sie die Grenze bei ihr? Und wie erklärte sie am besten, wie sie schon gewisse Verhaltensweisen ändern konnte? Nach einem kurzen Räuspern setzte sie an: „Häufen sich sehr stark bestimmte Verhaltensweisen, lässt das eventuell

NACHSPANN

Schlüsse zu Persönlichkeitseigenschaften zu, diese dagegen werden niemals Verhaltensweisen zu 100% erklären können. So sehe ich das!" Zufrieden mit ihren treffenden Worten griff sie nach einem der Kanapees und biss genüsslich ab.

„Tools kann man lernen – Haltung eher nicht", warf Jürgen in die Gesprächsrunde und zuckte mit den Schultern.

Simone fand diese Äußerung sehr spannend und fragte: „Also sagst du, Jürgen, dass man das Verhalten anderer situativ beeinflussen kann?"

„Ich denke, man beeinflusst das Verhalten anderer am besten durch das eigene gute Beispiel." Jürgen blickte in die Runde. „Situativ und langfristig."

Thomas konnte nicht umhin, das Führungsthema noch einmal aufzugreifen. „Genau, Jürgen". Er nickte seinem Kollegen mit dem Kopf leicht zu. „Deswegen spricht man auch von Vorbildfunktion im Alltag, dass die Führungskraft eben auch die Werte lebt, die sie predigt."

„Richtig!", erwiderte Jürgen. „Authentisch zu sein ist sehr wichtig."

Als keiner mehr etwas zu ergänzen hatte, fuhr die Trainerin mit ihren Fragen fort. Sie erinnerte sich an Jürgens Führungsbezug und fragte: „Jürgen, was meinen Sie. Welchen Rat würden Sie Zara von Zaunkönigin als Bürgermeisterin mitgeben? Wie denken Sie, kann sie es schaffen, nachhaltig eine Kooperationskultur zu etablieren?"

Wie erwartet, setzte sich Jürgen interessiert auf. „Nun, ich mache es mal kurz", fing er an. „Ich finde, sie sollte im nächsten Jahr einen Team-Flugwettbewerb durchführen lassen. Am besten aus gemischten Teams. Das heißt, ein Team besteht jeweils aus verschiedenen Vogelarten. So können die Stärken aller Vögel eingebracht werden. Eine Kooperationskultur kann sie etablieren, indem sie einen Stadtrat gründet, der mit ihr die Stadt regiert. Von allen Vogelarten wird jeweils ein Mitglied hineingewählt.

NACHSPANN

Es werden immer nur Entscheidungen getroffen, hinter denen alle stehen."

Simone stellte zu ihrer eigenen Überraschung fest, dass Jürgen sich wohl bereits vor der Teambuilding-Maßnahme mit diesem Thema beschäftigt hatte. Noch nie hatte sie vorher eine so schnelle und umfassende Antwort zu der Frage mit der Zaunkönigin erhalten.

„Wow", bestätigte Monika die Gedanken der Trainerin. „Ein innovativer Ansatz. Denken Sie dann, dass das Federland im Sinne einer sich selbsterziehenden Gesellschaft kooperativer wird?"

Der ehemalige Praktikant suchte nach den richtigen Worten. „Das kann manchmal schwierig sein, aber es ist zukunftsfähig und nachhaltig. In Schweden macht man das zum Beispiel so, soweit ich weiß." Er schaute Monika an und schlussfolgerte: „Ja, ich glaube, das kann gelingen."

Jonas, der das Gespräch schon länger aus dem Hintergrund verfolgt hatte, beobachtete Marita und dachte daran, wie sympathisch sie sich in den letzten zwei Wochen in das Team eingebracht hatte. „Marita", meldete er sich zu Wort, „von Ihnen wissen wir ja alle, dass Sie die gute Seele im Team sind. Haben Sie in der Vergangenheit schon mal die Erfahrung gemacht, jemand anderen wie die Elster zum Beispiel kooperativer zu machen, einfach indem sie mit Ihnen zu tun hatte? Das würde Jürgens These ja bestätigen, oder?"

Gespannt richteten sich alle Augenpaare auf die angesprochene Teamkollegin. „Natürlich habe ich schon öfter die Erfahrung gemacht, dass dann, wenn ich Kooperation anderen gegenüber gezeigt habe, diese Personen sich auch mir gegenüber kooperativ verhalten haben." Mit dem Aussprechen der letzten Worte wurde Marita bewusst, was für einen Impact sie hatte, einfach, indem sie Leuten positiv und selbstbewusst begegnete.

Ein zustimmendes Raunen durchfuhr das Team und manch einer staunte, wie gut sie sich in diesem Gespräch kennenlernen konnten.

Die Trainerin freute sich über den simplen Effekt, den die Parabel mit sich brachte. Diese Geschichte reichte aus, um ein ganzes Team dazu zu bewegen, sich intensiv und konzentriert auszutauschen und einander zu verstehen.

Ihr war die zurückhaltende Art von Kurt aufgefallen. Nicht, weil er desinteressiert schien. Schon eine ganze Weile verfolgte er die Gesprächsinhalte interessiert. Es schien eher so, dass er die anderen zu verstehen versuchte. Da Kurt der Gründer eines erfolgreichen Start-Ups war, welches er erst vor kurzem verkauft hatte, vermutete Simone eine gewisse Führungserfahrung. So entschloss sie sich, Kurt eine Stimme zu geben, und wandte sich in seine Richtung. „Was denken Sie, inwiefern beeinflusst Führung die Kooperationskultur?"

„Eine interessante Frage", lachte er laut und zog seine Augenbrauen hoch. „Die Grundlage für Kooperation ist Vertrauen. Daher wirken sich alle Handlungen der Führungskraft, die das Vertrauen der Mitarbeitenden stärken, positiv auf die Kooperationskultur aus."

Jonas runzelte die Stirn und entgegnete ihm: „Können Sie das bitte einmal genauer erklären?"

Kurt freute sich sichtbar, seinen Gedanken weiter ausführen zu können und nickte. "Also zunächst einmal kann man Vertrauen in die eigenen Fähigkeiten, also Selbstvertrauen, haben. Das kann die Führungskraft stärken, indem sie einen Teil ihrer Verantwortung an die Mitarbeitenden abgibt. Die Arbeitsmotivation ist dann eine intrinsische."

In Gedanken vertieft stand der noch recht junge Mann auf und stellte sich an die große Fensterfront. Er schaute konzentriert in den Himmel und fuhr fort. „Wichtig ist aber auch die Verbundenheit, also das Vertrauen in die Kollegen und Kolleginnen, einschließlich der Führungskraft. Die Führungskraft kann das durch viele Sachen stärken. Da wäre beispielsweise der Handlungsrahmen für jeden Mitarbeitenden. Wenn klar ist, wer was entscheiden darf, kommt es nicht zu Kompetenzgerangel.

Zusätzlich sollte jede Führungskraft darin geschult sein, Konflikte zu schlichten. Die Schlüssel dazu sind Fairness und ein respektvoller Umgang auf Augenhöhe."

Kurt löste seinen Blick, schaute die anderen Teammitglieder an und wartete, ob irgendwelche Rückfragen kamen. Dann lächelte er zufrieden und stützte sich mit seinen Armen auf die Stuhllehne. „Und das Vertrauen in die Sache ist wichtig, also die Sinnhaftigkeit. Dabei geht es darum, dass die Führungskraft die Mitarbeitenden bei Entscheidungen mitnimmt. Das bedeutet, sich Zeit zu nehmen, diese Entscheidungen im Detail zu erklären, zu überzeugen, statt zu überreden."

Die durchdachte und so umfassende Antwort sorgte für eine nachdenkliche Stille. Nach einigen Sekunden räusperte sich Kurt und trank einen Schluck Wasser.

Simone, die die Stille durchbrechen wollte, fragte Thomas schließlich: „Gerade haben Sie sich zum Thema Führung ja schon mit Jürgen ausgetauscht. Was sagen Sie zu Kurts Sichtweise?"

Ihr Gegenüber schüttelte den Kopf und erwiderte wie aus der Pistole geschossen: „Ich kann dem uneingeschränkt zustimmen. Gerade der letzte Punkt des Vertrauens, die Sinnhaftigkeit, suchen Mitarbeitende oft vergeblich. Dies geht natürlich ziemlich auf Kosten der Motivation."

Monika blickte Thomas in Gedanken vertieft an: „Das heißt, dass es in Unternehmen, in denen keine Sinnhaftigkeit existiert, weniger kooperatives Verhalten gibt?" Nach einer kurzen Pause fuhr sie fort: „Ich finde, dass der Aspekt der psychologischen Sicherheit auch wichtig ist. Erst wenn ich mich wohl fühle und anderen vertrauen kann, kann ich mich auch richtig öffnen. Dann ist es mir möglich, meiner intrinsischen Motivation genügend Aufmerksamkeit zu schenken. Ansonsten ist man doch oft einfach abgelenkt, weil man sich gegen andere behaupten muss."

Thomas zeigte zustimmend seinen Daumen und erwiderte: „Ich glaube, der Nährboden für eine Kooperationskultur ist Vertrauen und Kurt hat ja eben schön beschrieben, auf welchen Säulen

Vertrauen aufbaut. Ich denke, es sollte vorrangige Aufgabe einer jeden Führungskraft sein, eine Kooperations- und Vertrauenskultur zu etablieren und aufrechtzuerhalten. Dies sollte auch in die Bewertung einer Führungskraft mit einfließen, inwieweit ihr das gelingt."

„Nun", bestätigte Monika, „Ich stimme Ihnen voll und ganz zu, Thomas!"

„Okay, super", fuhr die Trainerin fort und warf einen Blick auf die Uhr. „Ich finde Ihre Dynamik hier in dieser Gruppe bemerkenswert." Entspannt legte sie ihre Ellbogen auf den Tisch und beugte sich vor. „Im Anbetracht der Zeit möchte ich Ihnen, Thomas, gerne noch eine letzte Frage stellen." Aufmerksam schaute er Simone an und nickte höflich. „Welchen Tipp würden Sie der Wildgans, dem Erpel, dem Kranich und der Elster mit auf den Weg geben?"

Eine gute abschließende Frage, dachte sich Thomas und stellte fest, dass sie eine hohe Bedeutung hatte. Es ging nun um die Konsequenz der verschieden Verhaltensstrategien, dessen war er sich bewusst. Er spürte, wie ihn die anderen anschauten und auf seine Antwort warteten. Nach einiger Zeit erwiderte er: „Ich denke, die Wanda von Wildgans macht einen guten Job. Ihr Sozialverhalten ist vorbildlich, sie hilft, lässt sich aber nicht ausnutzen. Sie kann sich am Erfolg anderer erfreuen, Neid oder Selbstsucht vergiften nicht ihren Alltag. Umgekehrt kann sie sich auf ihr Umfeld verlassen, sie sind da, wenn sie sie braucht." Thomas schmunzelte und fragte dann in die Runde: „Einen Tipp? Pflege, was du liebst, und bleib dir treu." Schnell wurden seine Gesichtszüge erneut konzentriert und er fuhr fort.

„Emil von Erpel macht sich aus meiner Sicht zu viele Gedanken. Wie sehen mich die anderen? Wie kann ich gefallen? Sein Harmoniebedürfnis führt dazu, dass er seine eigenen Interessen und Bedürfnisse zurückstellt. Oder schlicht auch nur, um geliebt zu werden, weil er den Erwartungshaltungen seiner Umwelt gerecht werden will. Er sollte sich mehr Liebe und Aufmerksamkeit schenken und sich so unabhängiger von der Wertschätzung Dritter machen. Mein Tipp an ihn lautet: Denke auch an dich, du bist nicht auf der Welt, um so zu sein, wie andere dich haben wollen."

Er bemerkte, wie sein Team gespannt an seinen Lippen hing, und freute sich über die hohe Aufmerksamkeit. „Für Erna von Elster hätte ich den Tipp, mal darüber nachzudenken, wie viele echte Verbündete sie wirklich hat, auf die sie sich verlassen kann. Kann sie in Krisenzeiten auf ein ehrliches Netzwerk zurückgreifen, das sich gerne revanchiert und ihr hilft? Ich würde ihr raten: Stell dich deinen Lebenslügen und tausche Gemeinsamkeit gegen Einsamkeit."

„Und zuletzt gibt es da noch Kai von Kranich." Der Vertriebler überlegte einen kurzen Moment und sagte schließlich: „Ihm würde ich einfach nur mit auf den Weg geben: Sei nicht misstrauisch. Gehe zunächst mit Vertrauen in jede Beziehung, du strahlst es aus. Dein Gegenüber wird durch deine offene Tür gehen und sich später mit einer Einladung revanchieren. Mein Tipp an ihn: Du gewinnst mehr Einladungen, wenn du deine Tür nicht anfangs verriegelst."

Monika nickte zustimmend und setzte gerade zu einer Antwort an, da ergänzte Thomas: „Vielleicht noch einen Gedanken zu Erna von Elster. Ich glaube, ich würde ihr auch aufzeigen, dass sie langfristig einen zu hohen Preis für einen kurzfristigen Erfolg zahlt und erfolgreicher wäre, wenn sie andere mitnimmt." Zufrieden mit seinem Nachsatz lehnte Thomas sich zurück und verschränkte entspannt die Arme vor der Brust.

„Der Erpel sollte wirklich darauf achten, nicht nur bedingungslos zu geben", entgegnete Monika ihm. Sie hatte die letzte halbe Stunde immer mal wieder einen Blick auf die Tafel der Weisheiten geworfen, für die sie vorher keine Zeit gefunden hatte. Zu ihrem Erstaunen stellte sie fest, wie zusammenfassend sie war und welche hilfreichen Botschaften sie beinhaltete.

So sagte sie: „Ich habe mir die Tafel der Weisheiten angeschaut und denke, dass hier die wesentlichen Ratschläge für ein gutes Miteinander vermerkt sind. Oder was meinen Sie?"

„Ja, das passt", antwortete Jonas ihr begeistert.

NACHSPANN

„Ich finde das eine wunderbare Zusammenfassung", meldete sich Thomas erneut zu Wort. „Normalerweise sollte das im Foyer eines jeden Unternehmens hängen, mit der entsprechenden Übersetzung, die dann zum Nachdenken anregt. Vielleicht wird ja diese kleine Parabel dazu beitragen, dass jeder Leser sein eigenes Verhalten hinterfragt, bestenfalls ändert oder weiterentwickelt und im Sinne der Gemeinschaft die Arbeitswelt ein stückweit lebenswerter macht." Er blickte erwartungsvoll und mit hoch gezogenen Augenbrauen in die Runde.

„Gerne können wir uns selber die Tafel der Weisheiten an unser Teambüro hängen", stimmte Monika ihm zu.

Jonas lachte laut auf und sagte: „Eine gute Idee."

DANKSAGUNG

Zu der Entwicklung und Realisierung dieser Parabel haben einige Persönlichkeiten beigetragen.

So bedanke ich mich zunächst bei Marita und Jonas, die sich die Zeit genommen haben, jede Seite intensiv zu lesen und gute, neue Impulse geben konnten. Darüber hinaus haben beide sehr bei Umsetzung von Marketingmaßnahmen mitgewirkt und unzählige Male ihre Hilfsbereitschaft unter Beweis gestellt.

Danke sagen möchte ich auch meiner Mutter. Sie hat sich als sprachbegabte Person viel Zeit genommen, die Geschichte zu lesen und sie ein Stück weit besser zu machen.

Und auch bei Thomas möchte ich mich bedanken. Mit unseren fast täglichen Telefonaten in der letzten Zeit war er ein toller Ideengeber, Mitdenker und Lösungsfinder. Diese Unterstützung war goldwert.

Dank Andreas' kreativer Ader hat die Parabel zudem sehr an Mehrwert gewonnen. Die Illustrationen unterstützen nicht nur die Vögel zu visualisieren; sie verleihen dem Buch auch einen gewissen Charme.

Ein großes Dankeschön gilt auch Malin, Jürgen, Christiane und Kurt, die mit ihren Sichtweisen und Gedanken einen Beitrag dazu geleistet haben, wie die Parabel heute ist.

Dieses Buch zu veröffentlichen war eine spannende und sehr positive Erfahrung, die nicht zuletzt Dank des Cherry Media Verlags so einwandfrei funktioniert hat.

ADAM GRANTS KOOPERATIONSSTRATEGIEN

Klos begegnete während ihrer Zusammenarbeit mit der Kottmann GmbH den Studien von Adam Grant, einem amerikanischen Organisationspsychologen. Sein Ansatz zeichnet sich in der Unterscheidung von vier Kooperationsstrategien aus:

So sieht er zum einen den **Nehmer**, welcher auf seinen Vorteil bedacht ist und auf seine eigenen Interessen achtet. Obwohl er seinem Gegenüber wenig gibt, nimmt er fremde Hilfe gerne an.

Der **Tauscher** dagegen unterstützt andere dann, wenn er mindestens eine gleichwertige Gegenleistung erwarten kann.

Der **selbstlose Geber** hilft anderen immer und erwartet dabei keine Gegenleistung, sodass er Gefahr läuft, ausgenutzt zu werden.

Derjenige, der gerne gibt und dabei seine eigenen Interessen wahrt, ist der **fremdbezogene Geber**. Ihm ist es möglich, sich im Falle einer drohenden Ausnutzung abzugrenzen.

Die aus den verschiedenen Kooperationsstrategien gewonnenen Erkenntnisse in einen Arbeitskontext zu setzen, war die entscheidende Motivation, diese Parabel für Manager und Führungskräfte auf den Weg zu bringen.

DIE AUTORIN

Sofie Klos, geboren 1995, ist mit ganzem Herzen Projektmanagerin in der Messebranche und Partnerin der Kottmann GmbH. Nach ihrem Bachelor-Abschluss in Wirtschaftspsychologie absolvierte sie den Master im Personalmanagement in Dortmund.

Zwischen Chile, Berlin und dem Ruhrgebiet konnte sie unterschiedliche Erfahrungen sammeln - von einer Non-Profit-Organisation über ein Start-Up hin zu einer Unternehmensberatung und einem traditionsgeführten Familienbetrieb. Für Klos hatten all diese unterschiedlichen Stationen eines gemein: Einander wohl gesonnene Menschen und ein toller Teamspirit motivierten stark und ließen einen sich wohler fühlen.

Während eines intensiven Praktikums bei der Kottmann GmbH lernte sie die vielfältige Überlegenheit von Kooperations- und Vertrauenskulturen gegenüber Wettbewerbskulturen in Unternehmen und Organisationen kennen.

Klos erfuhr im Kottmann-Team, wie Kooperationskulturen in Unternehmen nachhaltig etabliert werden und erlebte, begleitet vom Loriot-Humor des Teams, echte Teamarbeit.

KOTTMANN
HOME OF COOPERATION

seit 1989

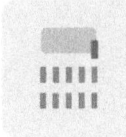   

Training Coaching Beratung Software

Seit mehr als drei Jahrzehnten begleitet die Kottmann GmbH Unternehmen mit praxisnahem Training, individuellem Coaching und maßgeschneiderter Beratung.

Sie unterstützt Unternehmen in ihrem Change- und Veränderungsprozess und macht sie fit für die Zukunft.

Als Kultur- und Prozessbegleiter strebt sie danach, den nachhaltigen Unternehmenserfolg der Kunden durch Qualität und gelebte Partnerschaft zu sichern.

Die Vision, Unternehmenskulturen zu evolutionieren und Lebensqualität und Kooperation innerhalb von Unternehmen zu stärken, treibt das Team der Kottmann GmbH an.

Sie hat ein wissenschaftlich fundiertes Verfahren entwickelt, das es ihr ermöglicht, das Kooperationsverhalten innerhalb von Organisationen zu messen. Auf diese Weise wird suboptimale Zusammenarbeit identifiziert und sichtbar gemacht.

Dort, wo der Kooperationsgrad sichtbar ist, kann man ihn auch steuern und verändern.

Hier setzt die Kottmann GmbH an und begleitet Unternehmen und Organisationen beim Etablieren und Aufrechterhalten einer nachhaltigen und vertrauensvollen Kooperationskultur.

Sind Sie interessiert?

www.transkooption.com

DER ILLUSTRATOR

Andreas Holzinger, geboren 1960 und aufgewachsen im oberösterreichischen Voralpenland.

Als Trainer, Coach und Zeichner begleitet er einzelne Menschen, Gruppen und Unternehmen auf ihrem Weg. Dem Entwickeln von Bildern und visuellen Geschichten kommt dabei eine wichtige Rolle zu. Das Zeichnen dieser Bilder übernimmt er manchmal gerne selber. Noch lieber bringt er es den Menschen so bei, dass sie Ihre eigenen Werke schaffen können. Als Partner begleitet er die Kottmann GmbH bei der Verstärkung von Botschaften im visuellen Bereich.

„Diese Tätigkeit des Lehrens und Lernens begeistert mich jedes Mal aufs Neue. Und unser Gehirn jubelt, wenn es zum Zeichnen eingeladen wird!"

Näheres finden Sie unter:

www.bilderfluss.com

www.kommunikationswerkstatt.org

www.kottmann.com

ZUGANGSCODE – KOSTENFREIES E-BOOK

Gehen Sie auf https://link.cherrymedia.de/EPUB und geben Sie Ihren Zugangscode ein, um Ihr kostenfreies e-Book herunterzuladen.

LDK3-OPNX-38HD

WEITERE TITEL DER KOTTMANN GMBH

Von einer Wettbewerbs- zu einer Kooperationskultur

Thomas Kottmann und Kurt Smit zeigen in diesem essential praktische Handlungsanweisungen auf, wie man eine Kooperationskultur etabliert und nachhaltig aufrechterhält. Die Autoren skizzieren die wissenschaftlichen Grundlagen und leiten daraus den dazu notwendigen Führungsstil und ein Verfahren zur Messung des Kooperationsverhaltens ab. In modernen Unternehmen braucht man, besonders vor dem Hintergrund der Digitalisierung, intrinsisch motivierte, kreative MitarbeiterInnen. Diese Eigenschaften entfalten sich in einer Kooperationskultur, die im Vergleich zu einer Wettbewerbskultur nachweislich um ein Vielfaches produktiver ist, wobei gleichzeitig die Zufriedenheit, Gesundheit und intrinsische Motivation der MitarbeiterInnen gefördert werden.

Taschenbuch: 64 Seiten
ISBN-13 : 978-3658236021

Führungsethik

Erfolgreiche Fuhrung sollte nicht ausschließlich aus dem Bauch erfolgen. Thomas Kottmann und Kurt Smit leiten Führungsgrundsätze aus den drei wissenschaftlichen Disziplinen ab, die Aussagen über das menschliche Handeln machen können: Neurobiologie, Psychologie und Soziobiologie (Kooperationstheorie). Sie kommen zu dem Ergebnis, dass ethisches Handeln Voraussetzung für nachhaltigen wirtschaftlichen Erfolg ist. Eine fundierte und aufschlussreiche Lektüre mit hohem Nutzen für die Praxis im Führungsalltag.

Gebundene Ausgabe: 355 Seiten
ISBN-13 : 978-3658067328